Abteilung Holzbiologie und Holzprodukte

Behandlung von Vollholz und Spänen mit Silanen

Dissertation
zur Erlangung des Doktorgrades (Dr. forest.) der Fakultät für Forstwissenschaften und Waldökologie der Georg-August-Universität Göttingen

vorgelegt von
Georg Vetter
Geboren in Siegen
Höganäs (Schweden), im Februar 2011

Bibliografische Information der Deutschen Nationalbibliothek
Die Deutsche Nationalbibliothek verzeichnet diese Publikation in der Deutschen Nationalbibliografie; detaillierte bibliografische Daten sind im Internet über http://dnb.d-nb.de abrufbar.
1. Aufl. - Göttingen : Cuvillier, 2011
Zugl.: Göttingen, Univ., Diss., 2011

978-3-86955-801-1

1. Gutachter: Prof. Dr. H. Militz

2. Gutachter: Prof. Dr. R. Wimmer

Tag der mündlichen Prüfung: 28.03.2011

Nonnenstieg 8, 37075 Göttingen
Telefon: 0551-54724-0
Telefax: 0551-54724-21
www.cuvillier.de

1. Auflage, 2011
Gedruckt auf säurefreiem Papier

978-3-86955-801-1

Danksagung

Mein besonderer Dank gilt Herrn Prof. Dr. Holger Militz für die Bereitstellung des Themas dieser Arbeit und die Betreuung während meiner Zeit als Doktorand. Die Gespräche mit ihm haben mir geholfen, den Fokus auf die wesentlichen Fragestellungen nicht zu verlieren.

Zu Dank verpflichtet bin ich auch meinen Betreuern Dr. Carsten Mai und Dr. Lars Kloeser, die mit ihren und Anregungen meine Arbeit bereichert haben und immer ein offenes Ohr für meine Fragen hatten.

Bei meinen Doktoranden-Kollegen bedanke ich mich für zahlreiche weiterführende Fachgespräche und die schöne Zeit am Institut. Besonders bedanken möchte ich mich bei Gunthard Scholz, mit dem ich zeitweise ein Büro und viele Tafeln Schokolade geteilt habe, für viele mehr oder weniger ernsthafte (Fach-)Gespräche.

Bedanken möchte ich mich auch bei den technischen Mitarbeitern des Instituts, insbesondere Dieter Varel. Ohne ihre Hilfe hätte ich viele Versuche so nicht durchführen können.

Weiterhin möchte ich mich bei Matthias Hahn am Institut für Materialphysik für die Einführung in die Elektronenmikroskopie bedanken und bei Evelyn Nothnick (Hochschule für angewandte Wissenschaft und Kunst) für die Einführung in die Kontaktwinkelmessung.

Nicht zuletzt bedanke ich mich herzlich bei meiner Frau Christina für ihre Unterstützung und dafür dass sie da ist.

I Abstract

In the present study the suitability of organo-functional silanes for treatment of solid wood and wood particles has been investigated. Solid wood was treated with several types of organo-functional silanes in different concentrations by vacuum and pressure. Particles have been treated with different organo-functional silanes in a fibre reactor. Main focus was on the effect of the treatment on the dimensional stability and the mechanical properties. The properties of solid wood and particle boards could not be improved considerably by most of the used silanes. Just Silane HS 2909 improved some mainly water related properties.

Silane impregnation of solid wood caused a significantly higher Brinell hardness in each anatomical direction. Capillary water uptake was reduced significantly in every anatomical direction with silane HS 2909. The other silanes showed no effect. Samples impregnated with silane HS 2909 showed the highest steam diffusion. Sorption was not changed.

To determine the hydrophobic effect of a surface treament with silanes the contact angle on treated samples was measured. Due to less surface energy curing of the silanes lead to considerable higher contact angles (more hydrophobic surface). In all cases silane treatment caused smaller contact angles by trend. No influence was observed for treatment with silane HS 2909.

The stability of solid wood against weathering, neither natural nor artificial, was not improved due to prior impregnation. Impregnation with silane HS 2909 improved mould infestation significantly and blue stain infestation slightly.

The gelation time of MUPF resin increased with rising concentrations of native alkaline silanes. Acidically adjusted silanes as well as native silane HS 2909 lead to decreased gelation time with increasing concentration.

To determine the effect of silanes as coupling agents a shear test was performed on samples glued with MUPF, EPI, PUR and PVAc. MUPF glued samples showed no effect of silane treatment in all requirements classes (tested conditioned, after storing in water, after boiling). Curing of pretreated boards prior to gluing caused significantly lower shear strength. Gluability with EPI, PUR and PVAc was also determined on silane impragnated samples prior to surface treatment. Impregnation had nearly no effect on shear strength. The effect of surface treatment was minor. EPI glued impregnated samples showed just a slight increase of shear strength after storing in water. Surface treatment with silane type HS 2776 in a concentration of 1% lead to an increase by trend of shear strength on PUR glued samples.

Coating performance was determined on impregnated and surface treated samples for alkyd and acrylic based coatings. Dry and wet adhesion was slightly increased due to silane treatment. Drying rate and blocking (sticking of coated surfaces on each other) was not influenced.

Prior to particle board production particles were treated with silanes in a gluing blender and cured in a fibre reactor. Sieving analysis revealed a change in particle fractions with less coarse particles and more dust.

Silane treatment caused slightly reduced bending strength and E modulus. The reduction of the particle size due to the treatment process is assumed to be the main reason for this effect. PMDI bonded boards had a slightly lower bending strength and E modulus than MUPF bonded. Silane HS 2909 caused the strongest reduction by trend. Internal bond strength after conditioning was improved slightly. Internal bond strength after boiling was improved significantly for boards pretreated with silane type HS 2909. Thickness swelling was reduced significantly after both 24h and 72h storing in water for pretreatment with silane type HS 2909. Thickness swelling was just reduced by trend for the other pretreatments. The effect of pretreatments on water uptake was analogue to the effect on thickness swelling. No effect was observed on vapour uptake in standard climate. Thickness swelling and water uptake during mould resistance test was slightly improved due to treatment. No effect was observed on the infestation with moulds.

Accelerated weathering revealed a slight reduction of thickness swelling of coated boards pretreated with silane types HS 1151, HS 2627 and HS 2776. Pretreatment with silane HS 2909 caused a considerable reduction of thickness swelling and water uptake both coated and uncoated.

Formaldehyde content of pretreated boards was reduced by trend by all of the used silanes, except of HS 1151 in the concentrations of 1% and 5%.

II Inhaltsverzeichnis

1 Einleitung

1.1 Eigenschaften von Vollholz

Holz wird seit Menschengedenken als vielseitiger Roh- und Werkstoff geschätzt. Neben vielen positiven Eigenschaften hat Holz aber auch Schwachpunkte. Zwei entscheidende Eigenschaften, die dessen Verwendbarkeit stark einschränken, sind die begrenzte Dauerhaftigkeit und die mangelnde Dimensionsstabilität.

Alle bedeutenden Holzarten sind nach DIN EN 350 in Dauerhaftigkeitsklassen eingeteilt. Gerade einheimisches Holz besitzt in der Außenanwendung dabei eine oft unbefriedigende Dauerhaftigkeit, was viele konstruktive Einsatzmöglichkeiten ausschließt. Gefährdet ist Holz durch Insekten, Weiß- und Braunfäule, im Erdkontakt durch Moderfäule und im Meerwasser durch Schiffsbohrmuschel und Bohrasseln. Diesem Schwachpunkt kann entgegengewirkt werden, wenn konstruktive Vorsichtsmaßnahmen getroffen werden, die Holz vor Witterungseinflüssen und Bodenkontakt schützen. Dies ist jedoch nicht immer möglich. Daher kann in vielen Bereichen bislang nicht auf chemischen Holzschutz verzichtet werden. Chemische Holzschutzmittel schützen Holz sehr effektiv vor Schädlingsbefall, insbesondere Kupfer-Chrom-Arsen-haltige Schutzmittel oder Creosote (Teeröle) (LIGHTLEY, 2003, LEVI, 1973). Gerade diese sehr wirksamen Schutzmittel sind aber besonders umweltgefährlich und werden daher in Deutschland oft nicht mehr verwendet. Problematisch ist bei vielen Holzschutzmitteln auch die unzureichende Fixierung im Holz, so dass die Schutzwirkung im Laufe der Zeit nachlässt und die Schutzmittel in die Umwelt gelangen. Um einen angemessenen Schutz des Holzes durch zielgerichtet wirkende Holzschutzmittel sicherzustellen, werden in DIN EN 335-1 Gefährdungsklassen nach dem Verwendungszweck des Holzes formuliert (Tab. 1).

Tabelle 1: Gefährdungsklassen (GK) nach DIN EN 335-1.

GK	Beanspruchung	Auftreten von Organismen			
		Pilze	Käfer[1]	Termiten	Holzschädlinge im Meerwasser
1	ohne Erdkontakt, abgedeckt (trocken)	–	U	L	–
2	ohne Erdkontakt, abgedeckt (Risiko einer Befeuchtung)	U	U	L	–
3	ohne Erdkontakt, nicht abgedeckt	U	U	L	–
4	in Kontakt mit Erde oder Süßwasser	U	U	L	–
5	im Meerwasser	U	U	L	U

U= tritt universell in ganz Europa auf
L= tritt lokal in ganz Europa auf
[1]= das Befallsrisiko kann in Abhängigkeit von den spezifischen Gebrauchsbedingungen unbedeutend sein

Auch die geringe Dimensionsstabilität macht Holz in einigen Bereichen zu einem ungeeigneten Werkstoff, da dies eine sehr große technische Herausforderung an Werkstoffverbünde (z. B. mit Glas) stellt. Wechselnde Klimate führen zum Arbeiten des Holzes, was aufgrund der Anisotropie des Holzes zu Rissen oder Verwerfungen führt. Durch besonders sorgfältige Holzauswahl und Einschnitt kann diese Reaktion deutlich verringert, aber nicht vollkommen ausgeschlossen werden. Dies stellt auch an Beschichtungen und Klebstoffe hohe Ansprüche, da diese fest mit dem Holz verbunden, aber noch flexibel genug sein müssen, um die Bewegungen des Holzes ohne Festigkeitsverluste auszugleichen.

Diese Eigenschaften führen zu einer stark rückläufigen Verwendung von Holz, insbesondere im Fenster- und Fassadenbau. Die dort noch verwendeten einheimischen Holzarten besitzen durch den zunehmenden Einsatz geringerwertiger Holzqualitäten mit erhöhtem Splintholzanteil schlechtere Eigenschaften. Dies betrifft die Quellung und Schwindung, Dauerhaftigkeit und Dimensionsstabilität.

Zusätzlich wurden aus Marketinggründen die früher üblichen lösemittelhaltigen Lacke durch wasserbasierte Lacke ersetzt. Durch geänderte Fensterkonstruktion und eine geschütztere Lage im Baukörper kann die verringerte Dauerhaftigkeit der Holzbauteile teilweise kompensiert werden. Der Trend geht jedoch zur glatten Fassadengestaltung mit geringen Dachüberständen und damit zu einer exponierteren Lage der Fenster.

Die Schwierigkeiten bei der Entwicklung von Schutzanstrichen für Fassaden und Fenster bestehen darin, dass ein gewisser Dampfdiffusionswiderstand und eine gewisse Elastizität für einen dauerhaften Schutz vor eindringender Feuchtigkeit notwendig ist, gleichzeitig eine Wasserdampfdurchlässigkeit aus dem Bauteil heraus wünschenswert ist, damit eingedrungene Feuchtigkeit auch schnell genug wieder entweichen kann. Besonders gefährdet sind Ecken und Risse in der Beschichtung. Diese bieten Eintrittsstellen für holzzersetzende Pilze, welche durch eingetretenes Wasser die erforderlichen Lebensbedingungen vorfinden (BUSSJAEGER *et al.*, 1999, BARDAGE, 1998). Innerhalb weniger Jahre fällt das Bauteil so aus.

1.2 Eigenschaften von Holzwerkstoffen

Unter Holzwerkstoffen werden Produkte verstanden, die durch Zerkleinern des Holzes und anschließendem Zusammenfügen, in der Regel unter Zugabe von Bindemitteln, entstehen. Es gibt allerdings keine scharfe Abgrenzung des Begriffs, im Allgemeinen gelten aber nur plattenförmige Produkte als Holzwerkstoffe (LOHMANN, 2003). Vorläufer der uns heute bekannten Holzwerkstoffe gab es bereits in der Antike. Bedeutung gewannen Holzwerkstoffe jedoch erst im Zuge der Industrialisierung und der damit entstandenen Möglichkeiten der Bearbeitung. Wesentliche Voraussetzung für die Entwicklung von Holzwerkstoffen war die Verfügbarkeit geeigneter Klebstoffe. Die Entwicklung der heute üblichen synthetischen Klebstoffsysteme setzte zu Beginn des 20. Jahrhunderts ein (GRUNWALD, 2002). Ab Ende der 1920er Jahre entstanden erste industrielle Faserplattenanlagen und etwa zehn Jahre später erste Spanplattenanlagen.

Mittlerweile gibt es eine Vielzahl von Holzwerkstoffen für sehr unterschiedliche Anwendungsgebiete. Der Unterschied zwischen diesen Holzwerkstoffen liegt vor allem in der Bearbeitungsintensität des verwendeten Holzes, die vom Sägen (Massivholzplatten) über Schälen (Sperrhölzer, Laminated Veneer Lumber), Hobeln (Holzwolleplatten) und Zerspanen (Spanplatten, OSB-Platten) bis zum Zerfasern (MDF, HDF) reicht. Von den beispielhaft genannten Werkstoffen gibt es darüber hinaus viele Varianten und Zwischenformen.

Für die Produktion von Spanplatten wird kaum noch waldfrisches Holz verwendet. MANTAU *et al.* (2003) berichten von einem Frischholzanteil von gerade 23%, während für MDF-Platten noch 64% und für OSB-Platten sogar 100% Frischholz eingesetzt werden, was auf höhere Ansprüche auf die Eigenschaften des Rohstoffes zurückzuführen ist. Nach MANTAU (2007) setzte sich das Material zur Herstellung von Spanplatten in Deutschland zu 58% aus Industrierestholz, 22% Recyclingholz und 20% Waldfrischholz zusammen.

Nach den Angaben des Verbandes der Holzwerkstoffindustrie (VHI, 2009) belief sich die gesamte Holzwerkstoffproduktion im Jahr 2008 auf rund 12,6 Millionen m^3, wovon über die Hälfte (7,5 Mio. m^3) auf Spanplatten entfällt (Abb. 1). Nach Jahren der Produktionssteigerung ist 2008 nicht nur in Deutschland, sondern europaweit ein Rückgang der gesamten Produktionsmenge zu verzeichnen (Abb. 2 beispielhaft für Spanplatten). Ursachen hierfür sind zum einen die globale Wirtschaftskrise, die insbesondere den wichtigen amerikanischen Markt zusammenbrechen ließ, zum anderen der Rohstoffkonflikt mit Energieerzeugern. Die gestiegenen Heizölpreise und die intensive Förderung der Bioenergie haben zu einer starken Nachfrage nach Brennholz geführt, die nicht aus den bislang verwendeten Sortimenten befriedigt werden konnte.

Da vermehrt Industrieholz, welches sonst die Rohstoffversorgung der Holzwerkstoffindustrie gesichert hat, zur Energieproduktion verwendet wird, sind die Rohholzpreise stark gestiegen. Ein Ausweichen auf Industrierestholz ist nicht möglich, da auch dieses vermehrt zur Energiegewinnung eingesetzt wird. Das Potential von Gebrauchtholz gilt als erschöpft.

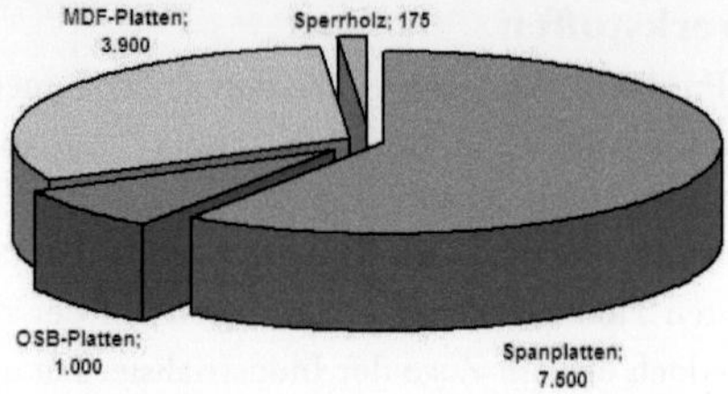

Abbildung 1: Menge der 2008 in Deutschland produzierten Holzwerkstoffe, in Mio. m³ (VHI, 2009).

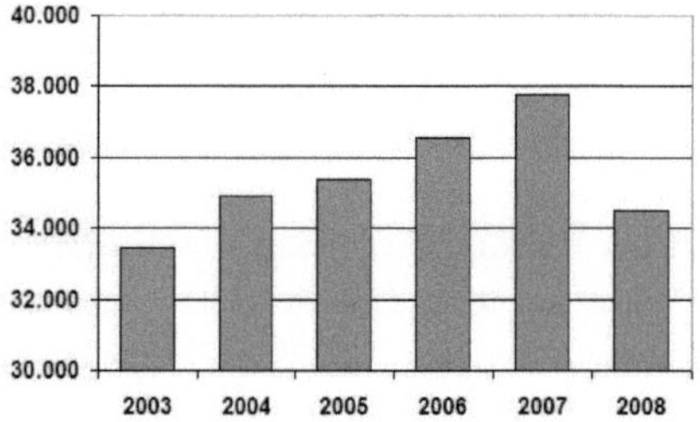

Abbildung 2: Entwicklung der Produktionszahlen von Spanplatten in Europa, in Mio. m³ (VHI, 2009).

Nach der Technik der Herstellung werden drei Typen von Spanplatten unterschieden. Die weitaus größte Bedeutung haben Flachpressplatten, bei denen das beleimte Spanmaterial auf ein Pressblech oder Pressband gestreut wird. Um einen mehrschichtigen Aufbau der Spanplatte zu erreichen, sind verschiedene Streutechniken üblich. Das Spanmaterial kann entweder nach Fraktionsgröße getrennt verschiedenen Streubunkern zugeführt werden oder über Wurf- oder Windstreuung nach Partikelgröße getrennt werden. Der so entstandene Spankuchen wird vorverdichtet und anschließend unter Druck und Temperatur zu Spanplatten verpresst. Dabei werden kontinuierliche und diskontinuierliche Pressen unterschieden, wobei letztere an Bedeutung verlieren, da sie prozesstechnisch aufwendiger sind. Für die Produktion von Spanplatten bis 10 mm Dicke werden auch Kalanderpressen verwendet, bei denen der Spankuchen mit Druck über eine beheizte Walze gerollt wird. Bei diesen Plattentypen sind die Späne parallel zur Plattenoberfläche ausgerichtet. Daneben gibt es auch Platten, bei denen die Späne rechtwinklig zu Oberfläche ausgerichtet sind. Diese sogenannten Strangpressplatten haben produktionsbedingt röhrenförmige Hohlräume in Plattenrichtung und werden vor allem zu Türblättern verarbeitet (SOINÉ, 1995; DEPPE UND ERNST, 2000).

1.3 Modifizierungsverfahren

Um die Nachteile des Werkstoffs Holz auszugleichen, werden seit vielen Jahren Verfahren zur Modifizierung von Holz untersucht. Holz kann über verschiedene Mechanismen modifiziert werden. HILL (2006) unterscheidet zwischen chemischer, thermischer und enzymatischer Modifizierung (aktive Modifizierung) und Imprägnierungsmodifikation (passive Modifizierung). Chemische Modifizierung wird als Reaktion einer Chemikalie mit den Holzpolymeren unter Bildung einer kovalenten Bindung definiert (HILL, 2006).

Um die Dauerhaftigkeit zu erhöhen, die Dimensionsstabilität und die Lichtsstabilität zu verbessern, ist die Einbringung der Behandlungsmittel in die Zellwand erforderlich. Mechanische Festigkeiten, Entflammbarkeit und Wasseraufnahme können auch durch die Füllung der Zelllumina verbessert werden (MAI UND MILITZ, 2004a).

Die verschiedenen Verfahren zur Holzmodifizierung und deren Vorteile gegenüber chemischem Holzschutz sind bereits mehrfach ausführlich beschrieben worden (HILL, 2006, ROWELL, 1983). Daher soll an dieser Stelle nur ein kurzer Überblick über die wichtigsten Verfahren gegeben werden.

Die thermische Modifizierung wird bei Temperaturen bis zu 240°C über mehrere Stunden unter Schutzatmosphäre durchgeführt (GIEBELER, 1983, BOONSTRA *et al.*, 1998, EWERT UND SCHEIDING, 2005). Über den Einfluss der Behandlung auf die Holzeigenschaften haben BURMESTER (1973, 1975) und STAMM *et al.* (1946) bereits ausführlich berichtet. Eine Variante dieses Verfahrens ist die Modifizierung mit Ölhitze. Dabei wird das Holz in 180°C bis 220°C heißem Öl, zumeist pflanzliche Öle, vergütet (SAILER *et al.*, 1999, MILITZ, 2008). Die Hitzeeinwirkung führt hauptsächlich zum Abbau von Hemizellulosen (HILL, 2006). Durch die Modifizierung wird eine Dimensionsstabilisierung und ein Schutz gegen Abbau durch Mikroorganismen erreicht. Über Dauer und Temperatur der Behandlung kann die Farbe des Holzes gezielt verändert werden (HAGMAN, 2005). Biegefestigkeit, Elastizität und Bruchschlagarbeit werden reduziert (MILITZ, 2005). Industriell wird Thermoholz über verschiedene Prozesse hergestellt (Stellac®-Prozess, Plato®-Prozess, Retification®-Prozess und weitere).

Mittlerweile ebenfalls etabliert ist die Modifizierung mit Furfurylalkohol. Der dabei eingesetzte Furfurylalkohol wird aus hydrolysierter Biomasse gewonnen. Die Behandlung führt zu erhöhter Dauerhaftigkeit und Dimensionsstabilität, bei hohen Beladungsgraden auch zum Schutz gegen Termiten (WESTIN *et al.*, 2003). Furfuryliertes Holz wird von Kebony ASA (Norwegen) industriell hergestellt.

Seit wenigen Jahren ist unter der Bezeichnung Accoya® (TitanWood Ltd, Niederlande) auch acetyliertes Holz auf dem Markt verfügbar (KATTENBROEK, 2005).

GOLDSTEIN *et al.* berichten bereits 1961 ausführlich über die Acetylierung von Vollholz. Grundlegende Versuche zur Acetylierung von Holz wurden aber schon 1928 von FUCHS, 1930 von SUIDA (in: ROWELL, 1983) und 1946 von RIDGWAY UND WALLINGTON gemacht. Das mit Essigsäureanhydrid behandelte Holz erreicht Dauerhaftigkeitsklasse 1 (BECKERS *et al.*, 1994, LARSSON-BRELID, 1998) und eine deutlich erhöhte Dimensionsstabilität (LARSSON-BRELID, 1998). Im behandelten Holz kommt es zur Bildung von Essigsäure, was zu einer Geruchsbelästigung bei Verwendung im Innenbereich führt (KRAUSE, 2006).

Die Behandlung mit dem Textilvernetzer DMDHEU (Dimethyloldihydroxyethylenharnstoff) führt zur Verbesserung der Dimensionsstabilität um 22 bis 81% und einer Abbaurate unter 3% bei Inkubation mit *Coniophora puteana* (NICHOLAS UND WILLIAMS, 1987, VIDELOV, 1989). Formholzmöbel aus DMDHEU-behandeltem Holz werden unter der Bezeichnung „becker Belmadur®" von der Becker KG (Brakel) hergestellt.

Die Behandlung mit Melamin führt ebenfalls zu einer Verbesserung Quell-Schwindvergütung um bis zu 30%. Mit Melamin behandeltes Holz kann Dauerhaftigkeitsklasse 2 (DIN 350) erreichen (RAPP, 1999, LUKOWSKY, 1999).

Auch der Einsatz von Ölen (z. B. Royal-Verfahren) und Wachsen zur Verbesserung der Holzeigenschaften wird untersucht (BREYNE, 1999, SAILER, 2001). Die Behandlung verbessert die Dauerhaftigkeit und die wasserabweisenden Eigenschaften (TREU *et al.*, 2003). Da die Behandlung bislang nicht auf Holzschutzmittel verzichten kann und keine chemische Veränderung des Holzes bewirkt, ist diese Behandlung keine Modifizierung nach der Definition von HILL (2006).

Daneben wird intensiv an einer Modifizierung mit Siliziumverbindungen geforscht (MILITZ *et al.*, 1997, GOETHALS *et al.*, 1996, DONATH, 2004). Darunter fallen Wasserglas, Silikone und Silane. Die meisten Siliziumverbindungen gelten als nicht-toxisch. Partikel kleiner als 5 µm können jedoch Staublunge verursachen, wenn sie über längere Zeit eingeatmet werden (RÖMPP, 1995).

Als Wassergläser werden Lösungen von Natrium- und Kaliumsilikaten bezeichnet. Sie sind unter hoher Temperatur und Druck wasserlöslich und bilden dabei stark alkalische Lösungen. Durch Zugabe von Säuren oder Metallen können die Silikate wieder ausgefällt werden. Silikate können durch Kohlendioxid aus der Luft unter Bildung von Carbonsäuren gefällt werden (RÖMPP, 1995).

Die Behandlung von Holz mit Wasserglas kann über einen einstufigen (MATTHES *et al.*, 2002) und einen zweistufigen Prozess (FURUNO *et al.*, 1991, 1992) erfolgen. Im zweistufigen Prozess wird Holz zunächst mit Natriumwasserglaslösung getränkt. In einem zweiten Schritt werden die Silikate mit Metallsalzlösungen (z. B. Aluminiumsulfat, Kalziumchlorid, Bariumchlorid) ausgefällt (FURUNO *et al.*, 1992, 1993). Die Addukte der Silane konnten hauptsächlich im Zelllumen nachgewiesen werden (FURUNO *et al.*, 1992).

Aufgrund der starken Hygroskopie von Wasserglas kommt es zu einer deutlich erhöhten Feuchteaufnahme der behandelten Proben. Erhebliche Mengen Chemikalien werden ausgewaschen (FURUNO *et al.*, 1992, MATTHES *et al.*, 2002).

FURUNO *et al.* (1992) können keinen Zusammenhang zwischen der ASE und dem Bulking feststellen. Die ASE zeigt eine große Spannbreite (3% bis 69% bei Aluminiumsulfat), während das Bulking auch bei hoher ASE gering ausfällt. Alle im zweistufigen Prozess behandelten Proben (ausser Bariumchlorid) zeigen eine hohe Brandschutzwirkung (FURUNO *et al.*, 1991, 1992, 1993).

FURUNO *et al.* (1992) berichten über eine deutlich verringerte Biegefestigkeit bei kaum verändertem Elastizitätsmodul (sowohl statisch als auch dynamisch). MATTHES *et. al.* (2002) stellen fest, dass die Festigkeitseigenschaften von der Trocknungstemperatur nach der Behandlung abhängig sind. Nach der Trocknung bei Umgebungstemperatur sind die Festigkeiten kaum verändert, während diese nach der Hochtemperaturtrocknung (103°C) deutlich verringert sind.

Die beste Schutzwirkung gegen Braunfäule (*Tyromyces palustris*) und Weißfäule (*Coriolus versicolor*) wird nach Ausfällung von Wasserglas mit Borsalzen beobachtet. Borsalze sind zugelassene Holzschutzmittel und werden als sehr wirksam beschrieben (BECKER, 1959, PEYLO, 2005). Borsalze sind jedoch nicht beständig gegen Auswaschung und daher nur bis Gefährdungsklasse 3 zugelassen. Wird Wasserglas mit Essigsäure ausgefällt oder Holz nur mit Borsalzen behandelt, wird die Dauerhaftigkeit nur wenig verbessert (FURUNO *et al.*, 1991, 1992, 1993, FURUNO UND IMAMURA, 1998). MATTHES *et. al.* (2002) konnten eine gute Dauerhaftigkeit (EN 113) bei einer Wasserglasbehandlung ohne Ausfällung beobachten. In Kombination mit Borverbindungen berichten FURUNO UND IMAMURA (1998) über eine gute Schutzwirkung gegen Termiten.

Silikone sind synthetische Polymere, die aus einzelnen Siloxaneinheiten bestehen. Die Bezeichnung Silikon leitet sich aus den englischen Begriffen „silicon" (dt. Silizium) und „ketone" (dt. Keton) ab. In der Hauptkette der Silikone sind Siliziumatome über Sauerstoff miteinander verbunden. Die restlichen freien Valenzelektronen des Siliziums sind mit Kohlenwasserstoffresten abgesättigt (RÖMPP, 1995). Das am besten untersuchte Silikon ist Polydimethylsiloxan (PDMS). Von PDMS sind keine gesundheitlichen Gefahren bekannt (RÖMPP, 1995). Weitere Studien belegen, dass Silikone in Tierversuchen keine fruchtschädigende, mutagene oder kanzerogene Auswirkungen haben und nicht umweltgefährlich sind (MARQUARDT UND SCHÄFER, 1994). Die Verwendung von Silikonen zur Holzmodifizierung wurde u. a. von HAGER (1995), LUKOWSKY *et al.* (1997), WEIGENAND (2006) und GOSH (2009) untersucht.

Silane bestehen, homolog zu Alkanen, aus einem Siliziumgrundgerüst mit Wasserstoff. Bei vier oder mehr Siliziumatomen in einem Molekül können, wie bei Alkanen, Konstitutionsisomere (Moleküle gleicher Summenformel, aber unterschiedlicher Struktur) vorkommen. Für die Holzmodifizierung werden verschiedene Silane untersucht, die überwiegend auf Monosilanen basieren. Holz wird oft in einem Zweistufen-Prozess (Sol-Gel-Prozess) mit Silanen behandelt. Im ersten Schritt wird Alkoxysilizium durch Wasser hydrolysiert. Dadurch werden Siloxane gebildet, die im zweiten Schritt unter Wasserfreisetzung zu Polysiloxanen kondensieren. Abb. 3 zeigt eine schematische Darstellung des Sol-Gel-Prozesses anhand von Tetraethoxysilan (TEOS). Zu Beginn dieses Prozesses werden Sole gebildet, die in den korrespondierenden Alkoholen löslich sind. Die Sole können als lebende Systeme bezeichnet werden, die weiter hydrolysierbar sind und so lange kondensieren, bis eine bestimmte Molekülgröße und Vernetzung erreicht und dadurch ein nicht lösliches Gel gebildet ist. Dieses kann bei 800°C vollständig zu polymerem Siliziumdioxid (Glas) auskondensiert werden (MAI UND MILITZ, 2004a).

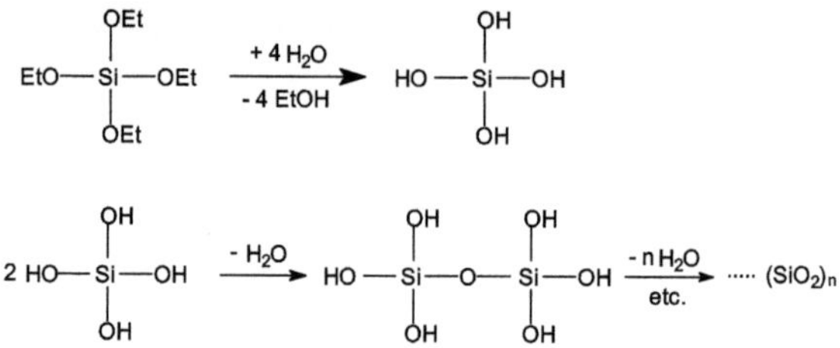

Abbildung 3: Schematische Darstellung des Sol-Gel-Prozesses: Bildung eines Silanols durch Hydrolyse eines Silikats (hier: Tetraethoxysilan). Kondensation des Silanols unter Wasserabspaltung. (aus: MAI UND MILITZ, 2004a).

SAKA *et al.* (2001) haben intensiv die Möglichkeiten einer Holzmodifizierung durch den Sol-Gel-Prozess untersucht. Das in der Zellwand gebundene Wasser soll dabei die Kondensation der Silane in der Zellwand bewirken. Nicht reagierte Moleküle können in der Phase der Aushärtung ausdampfen. Zuvor haben SAKA *et al.* (1992) an Hinoki-Furnieren, die mit einer gesäuerten alkoholischen Lösung von TEOS behandelt wurden, festgestellt, dass TEOS bei klimatisierten Proben hauptsächlich in der Zellwand abgelagert wird, während es bei wassergesättigten Proben im Lumen abgelagert wird. Bei Deposition im Lumen wird keine ASE erreicht, während bei Deposition in der Zellwand mit steigendem WPG eine ASE von bis zu 42% erreicht wird. Die Einbringung in die Zellwand und das WPG kann durch Ultraschallanwendung während der Behandlung mit TEOS erhöht werden (OGISO UND SAKA, 1993).

SAKA *et al.* (1992) und OGISO UND SAKA (1993) konnten für alle von ihnen untersuchten Behandlungen eine verringerte Entflammbarkeit nachweisen, wobei die Entflammbarkeit bei den Proben am geringsten ist, bei denen Silizium in der Zellwand abgelagert wird. Durch weitere Zusätze können die brandhemmenden Eigenschaften weiter verbessert werden (MIYAFUJI UND SAKA, 1996, SAKA *et al.*, 2001).

Die Vorkondensation von TEOS außerhalb des Holzes wurde von BÜCKER *et al.* (2001) und REINSCH *et al.* (2002) untersucht. Bei diesem Verfahren ist es schwieriger, eine langzeitstabile Tränklösung zu erstellen, und die Reaktion so zu steuern, dass sie in der Zellwand stattfindet. Die Wasseraufnahme im Tauchtest und die Gleichgewichtsfeuchte werden durch diese Behandlung verringert. Dies deutet auf eine effektive wasserabweisende Wirkung des Gels hin. Die Biegefestigkeit der Proben ist unverändert, während das Zug-E-Modul (Young's modulus) leicht verringert ist.

Die Gewichtsverlust durch *Poria placenta* liegt bei 12% bis 16%, während sie bei den Referenzen bei 40% liegt (REINSCH *et al.*, 2002). SCHEITHAUER *et al.* (1998) berichten über eine nur anfänglich verringerte Abbaurate durch verlangsamte Kolonisation. Nach der Kolonisation unterscheidet sich die Abbaurate nicht von der der Referenzen. In Kombination mit Borsäure konnten BÖTTCHER *et al.* (1999) keinen Abbau durch Pilze und keinen Termitenbefall beobachten. Insbesondere bei Deposition in der Zellwand bietet die Behandlung mit TEOS Schutz vor Termitenbefall (OGISO UND SAKA, 1993). Nach COOKSON *et al.* (2007) bietet die Behandlung mit TEOS (teilweise kombiniert mit Kupfer-Chrom-Arsen-Präparaten) einen guten Schutz gegen Terediniden (z. B. Schiffsbohrmuschel), nicht aber gegen Crustaceen (Krebstiere).

MAI UND MILITZ (2004a) ziehen das Fazit, dass eine Behandlung mit TEOS die Festigkeitseigenschaften und Dimensionsstabilität des behandelten Holzes leicht verbessern, während Wasserglas diese Eigenschaften verschlechtert. Die Dauerhaftigkeit und die Entflammbarkeit nach einer Behandlung mit anorganischen Siliziumverbindungen wird generell als nicht zufriedenstellend beurteilt.

Der Sol-Gel-Prozess kann auch die die Behandlung von Holz mit organofunktionellen Silanen genutzt werden. Diese sind bifunktionelle Moleküle mit drei siliziumfunktionellen Alkoxygruppen und einer organofunktionellen Gruppe. Die organofunktionelle Gruppe erhöht die Hydrophobizität des Gels oder kann eine kovalente Bindung mit den Zellwandpolymeren bilden (MAI UND MILITZ, 2004b).

Organofunktionelle Silane werden hauptsächlich in Kombination mit TEOS oder anderen Gelbildnern als Precursor verwendet. SAKA UND TANNO (1996) berichten, dass über verschiedene Silane die Auwaschung von SiO_2-P_2O_5-B_2O_3-Holzkomponenten verhindert wird. Auch die Entflammbarkeit kann dadurch verringert werden. Die Eigenschaften sind jedoch stark abhängig vom verwendeten Silan. SAKA UND TANNO (1996) berichten weiterhin, dass diese Komponenten bei Verwendung von Methyltrimethoxysilan (MTMOS) deutlich weniger stark ausgewaschen werden als bei Verwendung von TEOS als Matrix. MTMOS zeigt bei vergleichbarem WPG deutlich mehr Bulking als TEOS. Insgesamt sind Silane eine geeignete Matrix für brandhemmende Zusätze (SAKA UND TANNO, 1996, SAKA UND UENO, 1997, MIYAFUJI UND SAKA, 2001).

Durch Zugabe einer Ammonium-Quat-Verbindung zum Sol-Gel-Prozess wird ein guter Schutz gegen Braunfäule (*Tyromyces palustris*) erreicht. Die Behandlung von Holz mit sauer eingestellten aminofunktionellen Silanen (z. B. HS 2909) führt zu einem deutlichen Schutz vor Abbau durch *C. puteana*. Dies wird darauf zurückgeführt, dass der Charakter dieser Silane dem von Ammonium-Quat-Verbindungen sehr ähnlich ist (DONATH, 2004). Die Zugabe von 2-Heptadekafluorooktylethyltrimethoxysilan (HFOETMOS) bewirkt einen deutlich verbesserten Schutz gegen *Coriolus versicolor* (TANNO *et al.*, 1998, SAKA *et al.*, 1999, 2001).

Die Behandlung mit Propyltrimethoxysilan führt bei Buche zu einer um bis zu 35% und bei Kiefer um eine bis zu 27% verbesserten Dimensionsstabilität. Die Gleichgewichtsfeuchte (EMC) wird dabei kaum verändert. Die Behandlung bietet keinen ausreichenden Schutz gegen *Coriolus versicolor* und *Coniophora puteana* (GOETHALS UND STEVENS, 1994). Die Behandlung mit MTMOS im einstufigen Prozess bewirkt eine Verringerung der Gleichgewichtsfeuchte und gleichzeitig eine um bis zu 70% verbesserte Dimensionsstabilität (SCHNEIDER UND BREBNER, 1985, BREBNER UND SCHNEIDER, 1985).

SAKA UND YAKAKE (1993) haben Holz im zweistufigen Prozess zunächst mit 3-Isocyanatpropyl-Triethoxysilan (IPTEOS) behandelt. IPTEOS soll als Haftvermittler wirken und kovalent an die Zellwand binden. In einem zweiten Schritt wurde Tetraisopropyltitanat (TPT) als Vernetzungsmittel verwendet. Mit IPTEOS allein wird ein WPG von bis zu 20% und eine ASE von bis zu 60% erreicht. Wird zusätzlich TPT verwendet, kann eine ASE von bis zu 80% bei einem WPG von bis zu 70% erreicht werden. Die Behandlung ausschließlich mit TPT führt zu einer negativen ASE. Durch die Behandlung wird die Entflammbarkeit verringert.

OGISO UND SAKA (1994) haben zweistufige Behandlungen mit verschiedenen organofunktionellen Silanen (IPTEOS, β-(3,4-Epoxycyclohexyl-)Ethyl-Trimethoxysilan (EETMOS), Vinyl-Trimethoxysilan (VTMOS), γ-Methacryloxypropyl-Trimethoxysilan (MPTMOS)) in der ersten Stufe mit TEOS in der zweiten Stufe kombiniert. Die ASE bei Behandlung mit IPTEOS und EETMOS liegt bei 30-40% nach dem ersten Behandlungsschritt und bei bis zu 55% nach dem zweiten Behandlungsschritt mit TEOS. Mit zunehmendem TEOS-Gehalt steigt die ASE an. Bei VTMOS liegt die ASE bei bis zu 40% und bei MPTMOS bei bis zu 60%.

Bei kombinierter Behandlung mit TEOS werden organofunktionelle Silane als Eigenschaftsverbesserer beschrieben, die Holz hydrophobieren und damit die Auswaschung von Chemikalien verhindern. Erst die Zugabe von Ammonium-Quat-Verbindungen führt zu einem Schutz vor Abbau (TANNO *et al.*, 1998, SAKA *et al.*, 1999, 2001). Insbesondere die zweistufigen Behandlungen sind zu aufwändig um praktisch umgesetzt zu werden (SAKA UND YAKAKE, 1993, OGISO UND SAKA, 1994).

DONATH (2004) hat die Eignung organofunktioneller Silane für Holz in einstufigen Behandlungsverfahren untersucht. Neben monomeren Silanen hat er auch vorhydrolysierte, teilweise oligomere Silane verwendet. Er hat beobachtet, dass die Gele bei Behandlung von feuchtem Holz mit monomeren Silanen ausschließlich in der Zellwand eingelagert werden. Die vorhydrolysierten Silane lagerten sich dagegen hauptsächlich im

Lumen an. Die Behandlung mit monomeren Silanen hat daher einen stärkeren Einfluss auf die Sorptionseigenschaften von Holz. Die positiven Auswirkungen auf die Ausgleichsfeuchte und die Dimensionsstabilität waren jedoch nicht langzeitstabil, was DONATH (2004) auf die Alterung der Gele zurückführt. Er geht davon aus, dass keine stabilen chemischen Bindungen zwischen den Gelen und Zellwandbestandteilen gebildet werden.

Organofunktionelle Silane werden bislang industriell als Haftvermittler, Oberflächenmodifizierer und Vernetzungsagens eingesetzt.

Durch die organophilere Einstellung der Oberfläche wird die Haftung von Beschichtungen, Farben und Lacken, Kleb- und Dichtstoffen auf dem Substrat verbessert. Auch die Haftung zwischen organischen und anorganischen Polymeren wird verbessert, was zu einer Erhöhung mechanischer und elektrischer Werte, insbesondere nach Feuchtebeanspruchung, führt. Die benötigte Silanmenge ist dabei abhängig von der Oberflächenaktivität des Substrates (PLUEDDEMANN, 1970, HÜLS AG, 1994).

Große Bedeutung haben Silane als Oberflächenmodifizierungsmittel, vor allem bei mineralischen Füllstoffen und Glasfasern. Durch die Silanisierung von Füllstoffen können Komposite hoher mechanischer Härte und Festigkeit hergestellt werden (z. B. Kunstmarmor, Küchen- und Badeinrichtung). Bei glasfaserverstärkten Kunststoffen führt der Silaneinsatz zu besseren Verarbeitungseigenschaften durch eine bessere Füllstoffdispersion, Viskositätsreduzierung und -homogenisierung, höheren Füllgraden und Verbesserung der Produkteigenschaften (mechanische Festigkeiten, Feuchteresistenz, elektrische Eigenschaften) (HÜLS AG, 1994, LIN *et al.*, 2001).

Als Vernetzungsagens ermöglichen Silane die Vernetzung vieler Polymere unter Feuchtigkeit. So können Silane die Reiß-, Abriebfestigkeit, Lagerstabilität und Wetterbeständigkeit von Acrylaten, Polyethern, Polyurethanen und Polyestern verbessern. Insbesondere für die Kabelindustrie ist die Vernetzung von Polyethylen interessant, da die Wärmestandfähigkeit deutlich verbessert wird und der thermoplastische Kunststoff elastomere Eigenschaften erhält (PLUEDDEMANN, 1970, HÜLS AG, 1994).

1.4 Holzwerkstoffe für spezielle Anwendungsgebiete

Durch die Entwicklung von Holzwerkstoffen konnten einige Nachteile von Holz kompensiert werden. Holzwerkstoffe zeigen homogenere Eigenschaften, mit abnehmender Partikelgröße weniger Anisotropie und lassen sich auch aus Sägenebenprodukten und Sortimenten herstellen, die den Anforderungen an den Werkstoff Holz nicht genügen (SOINÉ, 1995). Ein wichtiger Vorteil ist, dass Holzwerkstoffe kostengünstiger sind als vergleichbare Vollholzprodukte. Jedoch sind auch Holzwerkstoffe nicht ohne Nachteile. Sie sind nach wie vor hygroskopische Werkstoffe, die auf Feuchte mit Quellung, vor allem in der Dicke, reagieren und dabei den Holz-Klebstoff-Verbund schwächen oder zerstören können. Hinzu kommt, dass der am häufigsten verwendete Klebstofftyp (UF-Harz) nicht hydrolysebeständig ist. Einem Einsatz in Feuchtbereichen sind somit enge Grenzen gesetzt. So kann bereits der Einsatz in Mitteleuropa produzierter Holzwerkstoffe in tropischen Ländern zu Problemen führen (GRUNWALD, 2002). Nachdem gezeigt wurde, dass die Eigenschaften von Vollholz durch Modifizierung teilweise deutlich verbessert werden können, wird dies auch für Holzwerkstoffe untersucht.

Umfassende Untersuchungen zur Herstellung von Holzwerkstoffen aus acetyliertem Holz wurden bereits in den 1980er Jahren gemacht (KÜHNE *et al.*, 1981, IMAMURA *et al.*, 1986, YOUNGQUIST UND ROWELL, 1986, ROWELL UND NORIMOTO, 1988, IMAMURA *et al.*, 1989). YOUNGQUIST UND ROWELL (1986) haben festgestellt, dass Spanplatten aus acetylierten Pappelspänen, gebunden mit 6% Phenolharz, deutlich weniger Dickenquellung aufwiesen als die Kontrollplatten. Allerdings berichten die Autoren auch über eine deutlich schlechtere Benetzbarkeit mit dem Bindemittel, worauf sie die verringerten Festigkeitseigenschaften zurückführen. PAPADOPOULOS UND TRABOULAY (2002) haben Fichtenspäne mit Essigsäureanhydrid behandelt und bei den daraus hergestellten OSB-Platten, gebunden mit 10% Phenolharz, eine von 50% auf 20%, bzw. 8% (bei 11% bzw. 20% WPG) reduzierte Dickenquellung nach 24h festgestellt. Auch die Gleichgewichtsfeuchte wurde von 22% bei 90% relativer Feuchte auf 17% bzw. 12% (bei 11% bzw. 20% WPG) deutlich reduziert. Die Querzugfestigkeit wurde durch die Behandlung jedoch leicht verringert. ROWELL *et al.* (1986) haben in einer systematischen Untersuchung festgestellt, dass Spanplatten aus Essigsäureanhydrid-behandelten Spänen mit steigendem WPG abnehmende Dickenquellung, sowohl untergetaucht wie auch in hoher Luftfeuchtigkeit, und Wasseraufnahme aufwiesen. Eine verringerte Biegefestigkeit wiesen bei GOMEZ-BUESO *et al.* (1999) nur acetylierte Faserplatten aus Nadelholzfasern auf. Faserplatten aus allen anderen Fasern zeigten eine leicht verbesserte Biegefestigkeit. Die geringere Biegefestigkeit der Platten aus Nadelholzfasern wird auf deren geringere Dichte zurückgeführt. In einer weiteren Studie von GOMEZ-BUESO *et al.* (2000) zeigen nur Platten aus Weizenstrohfasern, neben leicht verringertem E-Modul und Querzugfestigkeit, eine leicht verringerte Biegefestigkeit nach Acetylierung auf. Nach eine Studie von VICK *et al.* (1991) waren Biegefestigkeit, Biege-E-Modul und Querzugfestigkeit von Spanplatten aus acetylierten Spänen auch nach drei Alterungszyklen noch leicht höher als bei den unbehandelten Kontrollen. Wesentlich größeren Einfluss auf die Platteneigenschaften hatten Spangeometrie, Plattendichte und Harzgehalt.

Die ersten Versuche zur Acetylierung von Holzwerkstoffen liegen jedoch noch weiter zurück. Bereits 1947 liessen STAMM UND TARKOW ein Verfahren zur Acetylierung von Holz und Holzwerkstoffen patentieren. Derzeit geht die Diskussion um die industrielle Umsetzbarkeit der Produktion von Holzwerkstoffen aus acetyliertem Holz (JONES *et al.*, 2009). Die Produktion von MDF aus acetylierten Fasern wird vorbereitet (Tricoya®, TitanWood Ltd, Niederlande). Laut Angaben von Tricoya wird die Dickenquellung nach 24 Stunden durch die Behandlung von etwa 18% auf unter 2% bei Beleimung mit 10% Phenol-Formaldehyd verringert. MDF aus acetylierten Fasern zeigen nach 14 Jahren in Bodenkontakt kaum Abbauspuren, während die unbehandelten Kontrollen bereits nach einem Jahr zersetzt waren (TRICOYA, 2010).

GOROYIAS UND HALE (2002) haben festgestellt, dass eine thermische Behandlung von Strands mit steigender Temperatur zu abnehmender Dickenquellung der daraus hergestellten OSB-Platten führte. Bei Temperaturen bis 240°C wurden die physikalischen Eigenschaften kaum beeinträchtigt. Bei höheren Temperaturen nahmen die untersuchten Festigkeiten (Biege-E-Modul und Biegefestigkeit) ab. BOONSTRA *et al.* (2006) konnten nachweisen, dass eine Vorbehandlung von Spänen mit Wasserdampf bei etwa 200°C zu geringerer Gleichgewichtsfeuchte, geringerer Dickenquellung aber auch geringerer Querzugfestigkeit der daraus hergestellten Spanplatten führen kann. BORYSIUK *et al.* (2007) berichten ebenfalls über verringerte Biege- und Querzugfestigkeit und verringertes Biege-E-Modul bei Spanplatten aus heißdampfbehandeltem Kiefern- und Birkenholz. Nach trockener Hitzebehandlung von Strands in sauerstoffreduzierter Umgebung bei 220°C und 240°C haben PAUL *et al.* (2006) beobachtet, dass daraus hergestellte OSB-Platten neben einer geringeren Ausgleichsfeuchte auch eine geringere Dickenquellung, aber auch ein geringeres Biege-E-Modul und geringere Biegefestigkeit zeigten. Die Querzugfestigkeit wurde wesentlich stärker von der Wahl des Bindemittels beeinflusst, als von der Behandlungstemperatur. Zuvor haben HSU *et al.* (1988) bereits über eine abnehmende Dickenquellung von Spanplatten mit zunehmender Dauer einer Heißdampfbehandlung des Spanrohmaterials berichtet.

Auch die thermische Nachbehandlung von Holzwerkstoffen führt zur Verbesserung Platteneigenschaften. XIANGQUAN *et al.* (1997) berichten über eine mit zunehmender Dauer der Behandlung bei 190°C abnehmende Dickenquellung von Spanplatten aus Pappelholz. Bei einer Behandlung bei 220°C werden vergleichbare Dickenquellungswerte nach kürzerer Behandlungsdauer erreicht. Bereits 1952 hat VOß (1952) über abnehmende Dickenquellung und Wasseraufnahme mit zunehmender Temperatur und Dauer der Behandlung von Holzfaser-Hartplatten berichtet. Bei niedrigen Behandlungstemperaturen und kurzer Dauer der Behandlung konnte er eine leicht erhöhte Biege- und Zugfestigkeit nachweisen. Bei einer Behandlung bei 140°C war die Biegefestigkeit nach 10 Minuten maximal, aber auch bei deutlich längerer Behandlung (bis 50 Minuten) noch höher als bei der Referenz. Er führt die verbesserten Eigenschaften auf eine Umwandlung der Hemizellulosen und der wärmebedingten natürlichen Verkittung der Fasern zurück. Bei steigender Temperatur und Dauer der Behandlung überwiegt der thermische Abbau der Fasern.

Auch die Herstellung von Holzwerkstoffen aus N-Methylolbehandeltem Holz wird untersucht. YUSUF *et al.* (1995) haben eine deutlich verringerte Dickenquellung und Pilzanfälligkeit an Waferboards aus DMDHEU-behandelten Spänen beobachtet.

Holzwerkstoffe für die Aussenanwendung (Fassadenverkleidung, Fensterbänke, Gartenmöbel) werden seit langem von der Firma Werzalit (Oberstenfeld) hergestellt. Bei der Herstellung werden Späne mit einem Kunstharz und Additiven vermischt und zu Werkstoffen in gebrauchsfertigen Dimensionen vorgepresst. Anschließend werden auf die Werkstoffe eine Barrierefolie, eine Dekorfolie und ein Overlay gelegt und der Werkstoff dann endgültig heiß verpresst (WERZALIT, 2010).

Auch die Firma Trespa (Frechen) bietet spezielle Holzwerkstoffe für die Aussenanwendung an. Holzwerkstoffelemente von Trespa bestehen aus schichtweise verleimten Lagen aus zellulosehaltigem Fasermaterial, welche mit hitzehärtenden Harzen getränkt sind. Auf die Oberflächenlagen sind mit geeigneten hitzehärtenden Harzen (z. B. Aminoplaste) getränkt. Die Werkstoffe sind auch mit einer zusätzlichen Oberflächenbeschichtung zur besseren Witterungs- und Lichtbeständigkeit erhältlich (TRESPA, 2010).

Ebenfalls für die Verwendung in Feuchtbereichen und im Aussenbereich geeignet sind Zementspanplatten. Diese bestehen zu etwa 60% aus Holzspänen und zu 40% aus Zement (jeweils Volumenanteile). Durch den Spananteil erhalten diese Platten eine deutlich höhere Biegefestigkeit als reine Betonplatten. Der Beton sorgt für den Schutz vor Pilz- und Termitenbefall, klimatische Einflüsse und Feuer (ANONYMUS, 2009).

1.5 Klebsysteme

Klebstoffe sind als nichtmetallische Stoffe definiert, die Fügeteile durch Flächenhaftung und innere Festigkeit (Adhäsion und Kohäsion) verbinden können. Klebstoffe lassen sich unter verschiedenen Gesichtspunkten einteilen. Eine gebräuchliche Einteilung unterscheidet zwischen chemisch reagierenden, physikalisch abbindenden und reaktiven Schmelzklebstoffen. Chemisch reagierende Klebstoffe lassen sich weiter unterteilen in warmhärtend und kalthärtend. In diesen beiden Gruppen wird, je nach Bindemechanismus, jeweils nach Polykondensations-, Polyadditions- und Polymerisationsklebstoffen unterschieden. Physikalisch abbindende Klebstoffe werden in Haft- oder Kontakt-, Schmelz-, Dispersions- und lösungsmittelaktivierbare Klebstoffe unterteilt (GRUNWALD, 2002).

1.5.1 Klebstoffe für Vollholz

1.5.1.1 Polyurethan (PUR)

Polyurethan gehört zu den Polyadditionsklebstoffen. Typisches Merkmal dieses Klebstoffs sind die polaren Urethanguppen, die die Haftung an verschiedenen Werkstoffen (z. B. Holz, Kunststoffe) ermöglichen. Einkomponenten-PUR-Klebstoffe sind feuchtigkeitshärtend und benötigen daher zur Aushärtung Feuchtigkeit aus der Umgebung oder dem Holz (ZEPPENFELD UND GRUNWALD, 2005).

1.5.1.2 Polyvinylacetat (PVAc)

Polyvinylacetat ist ein Polymerisationsklebstoff, der sich durch hohe Adhäsion und Trockenbindefestigkeit auszeichnet. PVAc-Dispersionsklebstoffe (sog. Weißleime) besitzen viele positive Eigenschaften: sie sind nicht brennbar, physiologisch unbedenklich, wasserverdünnbar, nahezu unbegrenzt lagerfähig, fugenfüllend und bilden einen farblosen Klebfilm aus. Durch den Zusatz von bis zu 15% Isocyanaten kann die Nassbeständigkeit deutlich verbessert werden (ZEPPENFELD UND GRUNWALD, 2005).

1.5.1.3 Emulsion-Polymer-Isocyanat (EPI)

EPI ist ein Polyadditionsklebstoff und besteht aus zwei Komponenten. Eine Komponente besteht aus einer Emulsion eines Styrol-Butadien-Klebstoffs mit einem PVAc-Klebstoff und einem Vinylacetat-Ethylen-Klebstoff. Die zweite Komponente enthält Isocyanat und wird unmittelbar vor der Verarbeitung als Härter unter die erste Komponente gemischt. EPI-Klebstoffe ergeben sehr feste Holz zu Holz-Verbindungen mit einer hohen Wasserbeständigkeit (ZEPPENFELD UND GRUNWALD, 2005).

1.5.2 Klebstoffe für Holzwerkstoffe

In der Holzwerkstoffindustrie wird hauptsächlich Harnstoff-Formaldehyd als Bindemittel eingesetzt. Über 80% aller in Europa hergestellten Span- und Faserplatten sind damit gebunden. Daneben haben noch Phenol-Formaldehyd (5%), Melamin-Harnstoff-Formaldehyd und Melamin-Harnstoff-Phenol-Formaldehyd (zusammen 10%) sowie Polymeres Diphenylmethandiisocyanat (5%) eine gewisse Bedeutung. Klebstoffe auf natürlicher Basis, wie Proteine, Stärke, Tannin und Lignin haben noch keine industrielle Bedeutung. Harnstoff-Formaldehydharz besitzt eine nur geringe Feuchtebeständigkeit, ist aber sehr kostengünstig. Bindemittel auf Basis von Phenol-Formaldehyd, Melamin-Formaldehyd und Polymerem Diphenylmethandiisocyanat besitzen eine deutlich höhere Feuchtestabilität. Daher wird im Rahmen dieser Arbeit Melamin-Harnstoff-Phenol-Formaldehyd und Polymeres Diphenylmethandiisoyanat eingesetzt.

1.5.2.1 Melamin-Harnstoff-Phenol-Formaldehyd (MUPF)

MUPF ist ein Kombinationsklebstoff aus der Gruppe der Polykondensationsklebstoffe. Dieses Bindemittel wird vor allem zur Herstellung von Holzwerkstoffen für tragende Zwecke oder mit hoher Feuchtebeständigkeit verwendet. MUPF setzt sich aus einem Melamin-Harnstoff-Formaldehydharz (MUF) und einer geringen Menge Phenol oder methyloliertem Phenol zusammen. Bei der Verarbeitung ist zu beachten, dass die MUF-Komponente im sauren Bereich aushärtet, während Phenol im sauren Milieu nur eine geringe Reaktivität besitzt (ZEPPENFELD UND GRUNWALD, 2005).

1.5.2.2 Polymeres Diphenylmethandiisoyanat (PMDI)

PMDI gehört zur Gruppe der Polymerisationsklebstoffe. Bei dem im Bereich der Holzwerkstoffe ablaufenden Reaktionsweg wird Isocyanat zunächst mit Wasser zu einer instabilen Carbamidsäure umgesetzt, welche sofort unter Freisetzung von CO_2 zu einem Amin zerfällt. Das Amin reagiert mit einer weiteren Isocyanat-Gruppe zu einem substituierten Harnstoff. Die Reaktion mit Aminen läuft im Allgemeinen schneller ab als mit Alkoholen und führt zu harten, spröden Klebstofffugen. Ein wesentlicher Faktor zur Bildung eines dreidimensionalen, duroplastischen Netzwerks ist Feuchtigkeit. Die Entstehung von CO_2 während der Aushärtung sorgt für fugenfüllende Eigenschaften (GRUNWALD, 2002). PMDI bildet Klebfugen mit deutlich höherer Festigkeit aus als Harnstoff-Formaldehyd (UF). Dadurch kann der Beleimungsgrad deutlich niedriger angesetzt werden als bei UF. Ein Grund für die hohe Festigkeit und Beständigkeit der Klebfuge liegt darin, dass Isocyanate nicht nur mit sich selbst, sondern auch mit Molekülen der Fügeteilwerkstoffe reagieren können. Dies macht ein Trennmittel bei der Herstellung von Holzwerkstoffen notwendig. PMDI-gebundene Holzwerkstoffe weisen eine geringere Dickenquellung auf als Holzwerkstoffe mit anderen Bindemitteln, sind feuchte- und teilweise kochbeständig und emittieren kaum Formaldehyd. Der Hautkontakt mit PMDI sowie das Einatmen von Sprühnebel ist unbedingt zu vermeiden, da hierdurch allergische Reaktionen und Ekzeme ausgelöst werden (ZEPPENFELD UND GRUNWALD, 2005).

1.6 Zielsetzung

Die Modifizierung von Holz mit Siliziumverbindungen war in den letzten Jahren Gegenstand intensiver Forschung. Es wurden hauptsächlich Silikone und nicht-vorhydrolysierte Silane auf ihre Eignung als Holzbehandlungsmittel untersucht. In vielen Studien wurde dabei der Fokus auf die Aufnahme der Substanzen in die Holzmatrix, die Bindung an die Zellwandpolymere, die Dauerhaftigkeit und Reaktion auf Feuchte und Wasser untersucht. Die Ergebnisse dieser Studien zeigen vielversprechende Einsatzmöglichkeiten siliziumbasierter Verbindungen zur Verbesserung der Dimensionsstabilität, Wassertoleranz und Dauerhaftigkeit des Holzes.

Wenig untersucht ist bisher der Einsatz vorhydrolysierter, amino-alkylfunktioneller Silane, insbesondere in niedrigen Konzentrationen (unter 10% Silangehalt), zur Verbesserung der Holzeigenschaften. Auch die Auswirkung der Behandlung mit diesen Silanen auf die Beschichtbarkeit und Verleimbarkeit war bislang nicht Gegenstand der Forschung. Sowohl Beschichtbarkeit als auch Verleimbarkeit sind wesentliche Eigenschaften für die praktische Anwendbarkeit von Holzmodifikationen.

Ziel der vorliegenden Arbeit ist es daher, durch Behandlung mit vorhydrolysierten, amino-alkylfunktionellen Silanen einen wasserabweisenden, dimensionsstabilen Werkstoff zu erzeugen, ohne die Verklebbarkeit und Beschichtbarkeit zu beeinträchtigen. Diese Eigenschaften sollen mit möglichst geringen Silankonzentrationen erreicht werden. Der Silananteil soll dabei nicht so gering sein, dass die pilzhemmenden Eigenschaften, die in anderen Studien berichtet werden, wesentlich beeinträchtigt werden. Ziel der Behandlung ist ein Produkt, das auch im Außenbereich angewendet werden kann.

In einem zweiten Behandlungsschritt, der nicht Bestandteil dieser Arbeit ist, wird das zu einem Fensterrahmen verarbeitete, vorbehandelte Holz mit einer diffusionsoffenen, nanopartikelbasierten Beschichtung versehen. Durch diese soll die UV-Stabilität des Holzes erreicht werden. Ziel der Kombination beider Behandlungsstufen ist es, die Wartungsintervalle von Fenstern deutlich zu verlängern und die Nachpflege zu erleichtern. Zu diesem Zweck wird die Farbstabilität des Holzes in der Außenbewitterung und der künstlichen Bewitterung überprüft.

Nachdem die Eignung der Silanbehandlung für Vollholz in anderen Studien nachgewiesen wurde, soll im Rahmen dieser Arbeit untersucht werden, ob die Behandlung von Spänen zu verbesserten Eigenschaften der daraus hergestellten Spanplatten führt.

Die mechanisch-technologischen Eigenschaften und die Dimensionsstabilität von Spanplatten sollen ebenfalls verbessert werden. Dies soll durch eine Vorbehandlung der Späne mit den genannten Silansystemen bei vertretbarem Einsatz an Klebstoff erreicht werden. Hier soll ein Produkt entwickelt werden, dass für hochfeste Zwecke in Feuchträumen, sowohl im Innen- als auch im Außenbereich, geeignet ist. Weiteres Ziel ist die Einhaltung der derzeit diskutierten, niedrigen Grenzwerte für Formaldehyd.

2 Material und Methoden

2.1 Material

2.1.1 Holz

Versuche zur Modifizierung von Vollholz wurden an Holz der Gemeinen Kiefer (*Pinus sylvestris* L.) und der Rotbuche (*Fagus sylvatica* L.) durchgeführt. Dabei wurde nur Splintholz verwendet, da das Kernholz der Kiefer und der fakultativ auftretende Rotkern der Buche nicht tränkbar sind und die Modifizierungsbehandlung auf einer Volltränkung basiert.

2.1.2 Späne

Die für die Herstellung von Spanplatten verwendeten Späne wurden von der Firma Pfleiderer AG (Gütersloh) bezogen. Die Späne wurden im Werk nach der Trocknung, unmittelbar vor der Beleimung, aus dem Produktionsprozess entnommen. Für diese Arbeit wurden nur Mittelschicht-Späne verwendet, da nur einschichtige Platten hergestellt wurden. Das Spanmaterial setzt sich zu 15% aus Industrierestholz, 45% Recyclingholz (auch Recyclingspanplatten) und 40% Waldfrischholz (davon 75% Nadelholz, 25% Laubholz) zusammen (PFLEIDERER AG, 2009).

2.1.3 Silane

Im Rahmen dieser Arbeit wurden vier organofunktionelle Silane der Produktgruppe Dynasylan® der Firma Evonik GmbH eingesetzt.

Nach Herstellerangaben ist Dynasylan® HS 1151 ein aminofunktionelles Silan (wässriges 3-Aminopropylsilan-Hydrolysat), welches als Haftvermittler zwischen anorganischen Materialien und organischen Polymeren (z. B. Phenol- oder Melaminharze) verwendet werden kann. Es ist als farblose bis leicht gelbliche wässrige Lösung mit aminartigem Geruch erhältlich und ist mit Alkohol oder Wasser beliebig mischbar. Die funktionellen Silanolgruppen dieser bifunktionellen organischen Verbindung können an ein anorganisches Substrat gebunden werden, während die organophile Aminogruppe Wechselwirkungen zu einem Polymer eingehen kann. HS 1151 eignet sich unter anderem als Primer und Additiv bei Farben, Lacken und Klebstoffen und führt zu verbesserten mechanischen Produkteigenschaften (Biegefestigkeit, E-Modul u. a.). Der Vorteil gegenüber aminofunktionellen Alkoxysilanen liegt in der Nichtentflammbarkeit. HS 1151 setzt im Prozess keine flüchtigen organischen Bestandteile frei; somit sind keine besonderen Sicherheitsvorkehrungen nötig. Bei frostfreier Lagerung ist es ein Jahr lagerstabil.

Dynasylan® HS 2627 wird als reaktives organofunktionelles Siloxanoligomer in Wasser angeboten und ist als Haftvermittler zwischen anorganischen Materialien und organischen Polymeren geeignet. Weitere Anwendungsgebiete sind als Additiv in wasserbasierenden Polymersystemen und Oberflächenmodifizierungsmittel von organischen Materialien. Der Hersteller empfiehlt die Verwendung in einer Wirkstoffkonzentration zwischen 0,5 und 5%. HS 2627 wird dazu unter Rühren mit Wasser verdünnt. Es ist eine farblose bis leicht gelbliche Flüssigkeit. Wie HS 1151 ist es frei von flüchtigen organischen Bestandteilen und enthält eine aminofunktionelle Gruppe. Der Vorteil von HS 2627 gegenüber herkömmliche organofunktionellen Silanen liegt im hohen Flammpunkt (>100°C) und der Anwendbarkeit bei erhöhter Temperatur, sowie in der Nähe von Zündquellen oder statischer Aufladung. Auch HS 2627 ist frostfrei ein Jahr lagerstabil (Herstellerangaben).

Auch Dynasylan® HS 2776 ist ein reaktives organofunktionelles Siloxanoligomer in Wasser. Im Unterschied zu HS 2627 ist HS 2776 ein diaminofunktionelles oligomeres Siloxan, während HS 2627 monoaminofunktionell ist. HS 2776 besitzt die gleichen Anwendungsgebiete, Verarbeitungseigenschaften und Lagereigenschaften wie HS 2627 (Herstellerangaben).

HS 2909 ist ein reaktives organofunktionelles Siloxanoligomer, welches zu einer aminofunktionellen Gruppe eine alkylfunktionelle Gruppe besitzt. Es hat die gleichen Anwendungsgebiete und Verarbeitungseigenschaften wie HS 2627 und HS 2776. Abweichend zu den anderen Silanen ist es frostfrei sechs Monate lagerstabil (Herstellerangaben).

In der folgenden Tabelle (Tab. 2) sind die wichtigsten physikalischen Kennzahlen der verwendeten Silane aufgeführt.

Tabelle 2: Physikalische Kennzahlen der verwendeten Silane (bei 20°C) (EVONIK, 2009a u. b).

Silan	Feststoffgehalt	Silangehalt	pH-Wert	Dichte (g/cm^3)	Viskosität (mPas)	Flammpunkt
HS 1151	20,5%	40%	11,1	1,06	3,7	80°C
HS 2627	19%	40%	11,1	1,06	3,3	>100°C
HS 2776	24,5%	40%	10,6	1,1	1,9	>100°C
HS 2909	39%	60%	5,0	1,09	152	>95°C

Die verwendeten Silane und deren Konzentrationen sind in Tab. 3 mit den entsprechenden Feststoffgehalten und der im Folgenden verwendeten Bezeichnungen aufgeführt. Für die Behandlung von Vollholz wurde die Konzentration auf den Silangehalt bezogen. Da in der Holzwerkstoffindustrie Berechnungen im Allgemeinen auf den Feststoffgehalt eingesetzter Chemikalien bezogen werden, wurden die Konzentrationen für die Behandlung von Spänen ebenfalls auf den Feststoffgehalt bezogen.

Die Bezeichnung der Silane ergibt sich aus einem Buchstaben für den Silantyp (A für HS 1151, B für HS 2627, C für HS 2776, D für HS 2909) und einer Zahl, die der verwendeten Konzentration entspricht. Ist die Zahl mit einem * markiert, bezieht sich die Konzentration auf den Silangehalt, ansonsten auf den Feststoffgehalt der Silane. Der Feststoffgehalt beschreibt, welcher Anteil nach dem Trocknen an Feststoff übrig bleibt.

Der Silangehalt kann auch als Anteil der aktiven Substanz beschrieben werden. Er enthält noch gebundenes Wasser, welches während der Reaktion freigesetzt wird. Daher ist der Silangehalt immer höher als der entsprechende Feststoffanteil.

Tabelle 3: ***Verwendete Silane und Konzentrationen mit entsprechenden Feststoffgehalten und im Folgenden verwendeter Bezeichnung.***

Silan	Konzentration	Bezug	Feststoffgehalt	Bezeichnung
HS 1151	1%	Feststoffgehalt	1%	A1
	3%	Feststoffgehalt	3%	A3
	5%	Feststoffgehalt	5%	A5
	7%	Feststoffgehalt	7%	A7
	3%	Silangehalt	1,95%	A3*
HS 2627	1%	Feststoffgehalt	1%	B1
	3%	Feststoffgehalt	3%	B3
	5%	Feststoffgehalt	5%	B5
	7%	Feststoffgehalt	7%	B7
	1%	Silangehalt	0,48%	B1*
	3%	Silangehalt	1,43%	B3*
	5%	Silangehalt	2,38%	B5*
	8%	Silangehalt	3,80%	B8*
HS 2776	1%	Feststoffgehalt	1%	C1
	3%	Feststoffgehalt	3%	C3
	5%	Feststoffgehalt	5%	C5
	7%	Feststoffgehalt	7%	C7
	1%	Silangehalt	0,61%	C1*
	3%	Silangehalt	1,84%	C3*
	5%	Silangehalt	3,06%	C5*
	8%	Silangehalt	4,90%	C8*
HS 2909	1%	Feststoffgehalt	1%	D1
	3%	Feststoffgehalt	3%	D3

Silan	Konzentration	Bezug	Feststoffgehalt	Bezeichnung
HS 2909	5%	Feststoffgehalt	5%	D5
	7%	Feststoffgehalt	7%	D7
	1%	Silangehalt	0,65%	D1*
	5%	Silangehalt	3,25%	D5*
	8%	Silangehalt	5,20%	D8*
	10%	Silangehalt	6,50%	D10*
	20%	Silangehalt	13%	D20*

2.1.4 Klebstoffe

2.1.4.1 Vollholz

Um die Auswirkungen der Silanbehandlung auf die Verklebbarkeit zu prüfen, wurden Klebstoffe der Firma Jowat AG, Detmold, eingesetzt. Alle Leime erfüllen, gegebenenfalls mit Härter, die Beanspruchungsgruppe D4 nach DIN EN 204, bzw. DIN EN 205. Die Klebstoffe wurden nach Anweisung des Herstellers verarbeitet.

Es wurde ein Polyurethan-Klebstoff (Jowat-PowerPUR 687.40) verwendet. Polyurethan (PUR) gehört zu den Polyadditionsklebstoffen und ist eine hellbeige, lösemittelfreie und hochviskose (ca. 6000 mPas) Flüssigkeit mit einer Dichte von 1,1 g/cm^3, die sechs Monate lagerfähig ist. Die Verarbeitung muss bei mindestens 10°C erfolgen. Nach dem Klebstoffauftrag müssen die Fügeteile innerhalb von 40 Minuten zusammengefügt und für 120 Minuten verpresst werden. Bei trockenen und nicht saugenden Oberflächen verbessert eine leichte Befeuchtung der Oberfläche mittels Sprühnebel die Haftung. Die Presswerkzeuge sollten mit Trennmitteln geschützt werden (JOWAT AG, 2008).

Der für diese Arbeit verwendete Polyvinylacetat (PVAc, Jowacoll® 102.26 mit Härter Jowat®195.35) ist ein Polymerisationsklebstoff und ist bei mindestens 15°C verarbeitbar. Die Fügeteile müssen innerhalb von sieben Minuten nach Klebstoffauftrag für mindestens 25 Minuten verpresst werden. Der Hersteller empfiehlt eine Auftragsmenge von 150 bis 200 g/m^2 und einen Pressdruck von mindestens 0,5 N/mm^2. Nach Zugabe von 5% Härter (Ammoniumnitrat) hat der Leim eine Viskosität von 5000 mPas mit einer Dichte von 1,04 g/cm^3 und einem pH-Wert von 5,2. Der Leimfilm ist transparent. Leim und Härter sind jeweils sechs Monate lagerfähig (JOWAT AG, 2008).

Emulsion-Polymer-Isocyanat (EPI) ist ein Polyadditionsklebstoff und wird mit 15% Vernetzer (modifiziertes Polyisocyanat) versetzt. Verwendet wurde Jowacoll®EPI 102.49 mit Härter Jowat®195.60. Dessen Viskosität liegt 11.000 mPas bei einer Dichte von 1,5 g/cm^3 und einem pH-Wert von 7. Der Leimfilm ist beige. Der Hersteller empfiehlt die Verarbeitung bei mindestens 15°C und eine Auftragsmenge von 150 bis 200 g/m^2. Die

Presszeit beträgt 25 Minuten bei einem Druck von mindestens 0,5 N/mm². Die offene Zeit liegt bei etwa zehn Minuten. Kleber und Härter sind frostfrei sechs Monate lagerfähig (JOWAT AG, 2008).

2.1.4.2 Holzwerkstoffe

Für die Herstellung der Spanplatten und wurde ein Melamin-Harnstoff-Phenol-Formaldehydharz (MUPF) der Firma BASF AG, Ludwigshafen (Kauramin® K534) und ein Polymeres Diphenylmethandiisocyanat (PMDI) der Firma Huntsman, Everberg, Belgien (Suprasec® 1041) eingesetzt. Als Härter für MUPF wurde eine 33%ige Ammoniumsulfat-Lösung verwendet. Im Bindemittel wurden unmittelbar vor der Verarbeitung 6% Härter (Feststoff auf Feststoff Bindemittel) untergerührt. Es wurde ein Beleimungsgrad von 15% Feststoff auf atro Spanmaterial gewählt. Auf den Zusatz von Hydrophobierungsmitteln, wie es in der Holzwerkstoffindustrie üblich ist, wurde verzichtet. Bei PMDI wurde ein Beleimungsgrad von 6% Feststoff auf atro Spanmaterial gewählt. Unmittelbar vor der Beleimung wurde PMDI in Wasser im Verhältnis 1:1 dispergiert.

Melamin-Harnstoff-Phenol-Formaldehyd (MUPF) ist ein Kombinationsbindemittel aus der Gruppe der Polykondensationsklebstoffe. Das hier verwendete MUPF-Harz Kauramin® K 534 der BASF AG ist flüssiger, hellbrauner und schwach riechender Stoff mit einem Feststoffanteil von 64%. Der pH-Wert liegt bei 9,4 und die Viskosität bei 150 bis 400 mPas bei einer Dichte von 1,3 g/cm³. Er ist bedingt mit Wasser mischbar. Die Lagerzeit liegt bei 20°C zwischen 12 und 25 Wochen. Temperaturen unter 15°C und über 30°C schädigen den Leim. Kauramin® K 534 besitzt die allgemeine bauaufsichtliche Zulassung für Flachpress-Spanplatten der Beanspruchungsklasse V100 und V100G[1] des Deutschen Institutes für Bautechnik. Mit diesem Leim wurde auch ein Vorversuch zur Verleimbarkeit silanbehandelten Holzes wie oben beschrieben durchgeführt.

Das hier verwendete PMDI Suprasec® 1041 (Huntsman, Everberg, Belgien) ist ein flüssiger, brauner und leicht muffig riechender Stoff mit einer Dichte von 1,23 g/cm³ und einer Viskosität von 1,8 bis 2,4 mPas (bei 25°C). Der Flammpunkt liegt bei 230°C. Suprasec® 1041 ist in Wasser nicht löslich. Hohe Temperaturen und Wasser, Alkohole, Amine, Säuren und Basen sind zu vermeiden, da Suprasec® 1041 mit diesen Stoffen exotherm reagiert. Bei höheren Temperaturen kann die Reaktion heftig sein. Bei der Arbeit mit Suprasec® 1041 sind besondere Maßnahmen zum Schutz der Gesundheit notwendig. Dieser Leim reizt Haut und Augen. Aerosole und Dämpfe wirken reizend und sensibilisierend auf die Atemwege (HUNTSMAN, 2009).

Bei dem im Bereich der Holzwerkstoffe ablaufenden Reaktionsweg wird Isocyanat zunächst mit Wasser zu einer instabilen Carbamidsäure umgesetzt, welche sofort unter Freisetzung von CO_2 zu einem Amin zerfällt. Das Amin reagiert mit einer weiteren Isocyanat-Gruppe zu einem substituierten Harnstoff. Die Reaktion mit Aminen läuft im

[1] V100: für die Verwendung in Feuchträumen geeignete Spanplatten
V100G: zusätzlich fungizid eingestellt (DIN 68763)

Allgemeinen schneller ab als mit Alkoholen und führt zu harten, spröden Klebstofffugen. Ein wesentlicher Faktor zur Bildung eines dreidimensionalen, duroplastischen Netzwerks ist Feuchtigkeit. Die Entstehung von CO_2 während der Aushärtung sorgt für fugenfüllende Eigenschaften (GRUNWALD, 2002).

2.1.5 Prüfpilze

Für den Bläuetest an Vollholz wurde *Aureobasidium pullulans* (DE BARY) G. ARNAUD als Prüfpilz verwendet.

Für den Schimmeltest an Vollholz in Anlehnung an DIN EN 152 wurden der Schwarze Gießkannenschimmel (*Aspergillus niger* TIEGH.), der Pinselschimmel *Penicillium funiculosum* THOM, sowie *Trichoderma longibrachiatum* RIFAI verwendet.

Für den Schimmeltest an Spanplatten nach BS 3900-G6 wurden *Penicillium funiculosum* THOM, *Penicillium purpurogenum* FLEROFF, *Trichoderma longibrachiatum* RIFAI, *Cladosporium cladosporioides* (FRESEN.) G. A. DE VRIES, *Phoma violacea* (BERTEL) EVELEIGH, *Ulocladium atrum* PREUSS, *Rhodotorula rubra* (SCHIMON) F. C. HARRISON und *Stachybotrys chartarum* (EHRENB.) S. HUGHES verwendet.

2.1.6 Technische Geräte

2.1.6.1 Kontaktwinkel-Messgerät

Verwendet wurde das „Contact Angle Measuring System 610“ der Firma Krüss Optronic GmbH, Hamburg. Die Daten aus den aufgenommenen Filmsequenzen wurden mit der Software „Origin®“ ausgewertet.

2.1.6.2 Gelierzeit-Messgerät

Zur Messung der Gelierzeit wurde das Gelierzeit-Messgerät Gelnorm der Firma Saur, Reutlingen, verwendet. Das Gerät besteht aus einem beheizbaren Ölbad und einem Motor mit Aufnahme für einen Rührstab mit angeschlossener digitaler Stoppuhr.

2.1.6.3 Beleimungstrommel

Für die Silanisierung und Beleimung der Späne wurde eine wabenförmige Beleimungstrommel mit Leimeindüsung über Druckluft verwendet. Die Trommel hat ein Volumen von etwa 1150 l bei einer Seitenlänge von 70 cm und einer Tiefe von 90 cm. Sie dreht mit einer Geschwindigkeit von etwa 60 Umdrehungen pro Minute. Für kleinere Mengen wurde ein Einsatz mit einer Kantenlänge von 50 cm (Volumen ca. 350 l) eingesetzt. Der Leim wurde über einen Leimbecher im Inneren der Trommel und die Silane über eine Schlauchzuführung durch die Nabe zugegeben. Leime und Silane wurden mit einem Druck von 6 bar eingespritzt. Dabei wurden Leime und Silane fein zerstäubt. Für die Eindüsung von MUPF wurde eine Düse mit 2,5 mm Durchmesser verwendet, für die Eindüsung von PMDI mit 1,5 mm und den Silanen mit 2,0 mm. Durch die feine Eindüsung des Leims, bzw. der Silane, und die Umwälzung in der Trommel wurde eine gleichmäßige, dünne Verteilung auf den Spänen erreicht.

2.1.6.4 Spänereaktor

Die Trocknung der Späne und Aushärtung der Silane erfolgte in einem Spänereaktor (Typ HTC 140, AVA-Huep GmbH & Co. KG, Herrsching). Das Gerät ist ein geschlossenes System mit Kondensatrückgewinnung. Der Reaktionsraum umfasst 137 l, enthält ein Rührwerk und kann über eine Ölheizung beheizt werden. Alle Prozessdaten (Produkt- und Kondensattemperatur, Druck, Drehmoment, Stromaufnahme, Geschwindigkeit des Rührwerks) wurden zur Kontrolle vergleichbarer Behandlungsbedingungen aufgezeichnet. Für diese Arbeit wurde bei einem Druck von 30 mbar und 125°C bei etwa 12 Umdrehungen des Rührwerks pro Minute gearbeitet.

2.1.6.5 Laborpresse

Die Herstellung von Spanplatten erfolgte in einer Laborpresse der Firma Gottfried Joos Maschinenfabrik, Pfalzgrafenweiler. Die Presse wurde auf 220°C (MUPF), bzw. 200°C (PMDI) beheizt und mit einem Druck von 200 bar geschlossen. Die Presse wurde über Druck gesteuert und die Dicke der Spanplatten über Distanzleisten aus Stahl definiert.

2.1.6.6 Universal-Prüfmaschine

Für mechanische Prüfungen der Spanplatten und des behandelten Vollholzes wurde eine Universal-Tischprüfmaschine vom Typ Z 010 der Firma Zwick Roell, Ulm, eingesetzt. Die Steuerung erfolgte über einen PC mit der Prüfsoftware testXpert (Zwick Roell). Mit dieser Prüfmaschine sind Prüfungen bis zu 10 kN möglich. Die Messung des E-Moduls während der Biegeprüfung erfolgt über einen zusätzlichen Wegaufnehmer. Mit dieser Maschine wurden Biegefestigkeit, dynamisches E-Modul, Querzugfestigkeit (trocken und nach Kochung), Härte (Brinell) und Scherzugfestigkeit nach standardisierten Prüfvorschriften ermittelt.

2.1.6.7 Schnellbewitterungsgerät

Zur Prüfung der Bewitterungsstabilität von Oberflächen wurde das Schnellbewitterungsgerät QUVspray der Firma Q-Lab Corporation, Cleveland, USA verwendet. Das Gerät wird als geschlossenes System mit Zulauf von demineralisiertem Wasser betrieben. Die verwendeten UV-Lampen geben ein Spektrum mit einem Maximum bei 340 nm (UV-A) ab.

2.1.6.8 Photometer

Für die photometrische Bestimmung des Formaldehydgehalts wurde das Photometer SPECORD 205 der Analytik Jena AG verwendet.

2.1.6.9 Raster-Elektronenmikroskop

Die elektronenmikroskopischen Aufnahmen mit energiedispersiver Röntgenanalyse wurden mit einem Raster-Elektronenmikroskop SEM 515 der Firma Philips, Niederlande, mit angeschlossener EDX-Analyse durchgeführt.

2.2 Methoden Silanbehandlung von Vollholz

2.2.1 Tränkungs- und Trocknungsprozess

Vollholzprüfkörper wurden in einer Imprägnieranlage (Scharf Behälter-, Apparate- und Stahlbau, Bassum) behandelt. Dazu wurden alle Proben in geeigneten Behältern in die Tränklösung gegeben. Dabei wurde auf einen ausreichenden Tränkmittelüberschuss geachtet. Imprägniert wurde im Vakuum-Druckverfahren. Für das Vakuum wurden 100 mbar angelegt, für den Druck 12 bar. Die Dauer der einzelnen Schritte war abhängig von der Probengröße. Kleine Proben (für Schimmel- und Bläuetest und Feuchteaufnahme) wurden 30 Minuten im Vakuum und 60 Minuten im Druck behandelt, größere Proben (für Schnell- und Aussenbewitterung, Verklebbarkeit, Beschichtbarkeit, Härte, kapillare Wasseraufnahme, Dampfdiffusion) jeweils doppelt so lange. Anschließend wurden die Proben eine Woche an der Luft und dann stufenweise im Trockenschrank (drei Tage bei 40°C, zwei Tage bei 60°C und ein Tag bei 90°C) getrocknet. Da insbesondere behandeltes Holz zu Rissen und Verwerfungen neigte, wurden die Prüfkörper nur bis 90°C getrocknet.

2.2.2 Bewitterungsstabilität

2.2.2.1 Schnellbewitterung

Um die Wirkung der Silane auf die Bewitterungsstabilität zu testen, wurden behandelte Proben (150 x 73 x 18 mm³ [long x rad x tan]) unter wiederholten Bestrahlungs- und Auswaschungszyklen nach DIN EN 927-6 geprüft. Mit den Silanen D5* und D20* getränktes Vollholz (*Pinus sylvestris* L.) wurde für sechs Zyklen zu 168 Stunden (1 Woche) im Schnellbewitterungsgerät geprüft. Das Schema des Prüfzyklus ist in Tab. 4 dargestellt.

Tabelle 4: Schema des Prüfzyklus für die Schnellbewitterung.

Schritt	Dauer	Funktion	Temperatur	Bedingungen
1	24h	Kondensation	45±3°C	100% rel. Feuchte
2	2,5h	UV (A)	60±3°C	340 nm, 0,77 W/m²
3	0,5h	Sprühzyklus		6-7 l/min
4				Wiederholung Schritte 2+3: 47 x

Nach jedem Bewitterungszyklus wurden die Proben gewogen und mit einem Epson-Flachbettscanner und dem Programm „Launch SilverFast“ mit einer Auflösung von 300 dpi gescannt. Der Vorteil dieser Software ist, dass sie kalibrierbar ist und damit sichergestellt werden kann, dass sich auch nach längerem Betrieb keine technisch bedingte Verschiebung des Farbschemas einstellt.

Nach jedem Zyklus wurden die Helligkeit und Buntheit der bestrahlten Flächen über „Adobe Photoshop 7.0“ im dreidimensionalen CIE-Lab-Farbspektrum ermittelt. Die Helligkeit L (lightness) wird definiert als Bereich zwischen 0 (schwarz) und 100 (weiß). Die Rot-Grün-Achse (+a=rot, -a=grün) und die Gelb-Blau-Achse (+b=gelb, -b=blau) definieren 0 als unbunt und ±100 als bunt (reine Farbe). Die Angabe der Farbwerte im CIE-Lab-Farbspektrum erfolgt ohne Einheit. Aus diesen Werten lässt sich die Buntheit C (chroma) berechnen. Aufgrund der naturgemäß unterschiedlichen Schattierungen und der Inhomogenität der Holzoberflächen können die untersuchten Proben nicht unmittelbar miteinander verglichen werden. Daher wurde nur die Veränderung der Farbwerte über die Versuchslaufzeit nach folgender Formel ausgewertet.

$$\Delta C_t^* = \sqrt{(a_t^* - a_0^*)^2 + (b_t^* - b_0^*)^2}$$

2.2.2.2 Außenbewitterung

Der Einfluss der Witterung auf mit Silan Typ D behandelte Prüfkörper wurde gemäß DIN EN 927-3 an Vollholzproben (*Pinus sylvestris* L.) der Maße 375 x 100 x 20 mm^3 (long x rad x tan) getestet. Die Proben waren mit den Silantypen D5* und D20* behandelt. Die Enden wurden gemäß Norm mit einem witterungsbeständigen Lack (pyrotect®, Rütgers Organics GmbH, Mannheim) versiegelt. Zusätzlich wurden die Schmalseiten der Proben und ein Streifen von 1 cm Breite an den Rändern versiegelt. In eine der tangentialen Seiten wurden zwei Schrauben gedreht und deren Eintrittsstelle versiegelt. Diese dienten als Abstandhalter auf dem Außenbewitterungsgestell. Die Proben wurden mit den Enden in einem U-Profil fixiert und um 45° geneigt ohne Beschattung in südlicher Richtung im Freiland exponiert. Die Proben wurden über 18 Monate der Bewitterung ausgesetzt. Alle sechs Monate wurden die Proben oberflächlich gereinigt und nach einer Woche im Normalklima (20°C, 65% rel. Feuchte) gescannt und gewogen. Die Farbveränderung wurde wie im vorigen Kapitel beschrieben bestimmt.

2.2.3 Biologische Untersuchungen

2.2.3.1 Schimmeltest

Der Schimmeltest bei Vollholzprüfkörpern (*Pinus sylvestris* L.) wurde nach einem internen Standard durchgeführt. Die Prüfkörperabmessungen waren 40 x 40 x 5 mm^3 (long x tan x rad). Es wurde eine Sporensuspension mit definierter Mischung verwendet (*Aspergillus niger*, *Penicillium funiculosum*, *Trichoderma longibrachiatum*). Die Prüfkörper wurden mit den Silantypen B8*, C8* und D5* im Vakuum-Druck-Verfahren behandelt. Als Referenz wurde ein Fungizid (TWT 085, Troy Corp., Seelze) eingesetzt. Nach dem Aushärten der Silane wurden die Prüfkörper in die oben genannte Sporensuspension getaucht und zu jeweils zwei in eine Kolleflasche eingesetzt und die Flasche mit einem Wattestopfen verschlossen. Die Kolleflaschen wurden zuvor mit einem Feuchteregulator (Vermikulite) befüllt, sterilisiert und mit der Sporensuspension beimpft. Die Prüfkörper wurden über acht Wochen bei 22±1°C und 70±5% rel. Feuchte inkubiert. Nach der Inkubationszeit wurden die Prüfkörper mit einer Digitalkamera (Konica Minolta Dimage A 200) fotografiert und anschließend sterilisiert. Der Befallsgrad wurde über eine Farbschwellwertanalyse mit dem Programm „Gimp 2“ ermittelt.

2.2.3.2 Bläuetest

Der Bläuetest wurde in Anlehnung an DIN EN 152-1 durchgeführt. Als Testpilz wurde *Aureobasidium pullulans* eingesetzt. Die weitere Vorgehensweise entspricht der 2.2.3.1 beschriebenen. Abweichend von der genannten Vorgehensweise wurden die Prüfkörper nach der Inkubationszeit eingescannt. Die Auswertung des Befallsgrades erfolgte ebenfalls über eine Farbschwellwertanalyse.

2.2.4 Kontaktwinkelmessung

Da Silane die Benetzbarkeit behandelter Oberflächen beeinflussen können, wurde der Kontaktwinkel an silanbehandelten Proben gemessen. Auf hydrophilen Oberflächen ist der Kontaktwinkel kleiner als 90°. Auf die hierzu verwendeten Prüfkörper wurden die Silantypen A, B, C und D in den Konzentrationen 1%, 3% und 5% (bezogen auf den Feststoffgehalt) mit einer Sprühpistole aufgetragen. Für jede Behandlung wurde der Kontaktwinkel auf ausgehärteten und lediglich oberflächlich abgetrockneten Silanen gemessen. Damit sollte untersucht werden, ob ausgehärtete Silane als Hydrophobierungsmittel und nicht ausgehärtete Silane als Haftvermittler wirken können. Ausgehärtet wurden die Silane im Trockenschrank bei 103°C. Die bei Umgebungstemperatur oberflächlich abgetrockneten Proben wurden etwa 2 h nach Silanauftrag (keine Feuchtigkeit mehr auf der Oberfläche erkennbar) untersucht. Je Behandlung wurden an 3 Prüfkörpern jeweils 5 Messungen durchgeführt. Dazu wurden 11 µl destilliertes Wasser mit einer Geschwindigkeit von 250 µl/min aus 2 cm Höhe auf den Prüfkörper gegeben. Mit der Zugabe des Wassers startete automatisch die Aufnahme einer 15-sekündigen Filmsequenz.

2.2.5 Physikalisch-technologische Untersuchungen

2.2.5.1 Härte

Die Bestimmung des Eindruckwiderstandes (Brinell-Härte) wurde nach DIN EN 1534 mit einer Universal-Tischprüfmaschine (Zwick GmbH & Co KG, Ulm) an Würfeln der Kantenlänge 5 cm aus Kiefernholz durchgeführt. Diese wurden mit den Silantypen B8*, C8* und D8* im Vakuum-Druck-Verfahren vorbehandelt.

2.2.5.2 Verklebbarkeit

Um den Einfluss einer Silanbehandlung auf die Festigkeit von Klebfugen zu ermitteln, wurden Veklebungsversuche nach und DIN EN 12765, Beanspruchungsklasse C4 durchgeführt. Unter Beanspruchungsklasse C4 fällt die Verwendung im Innenbereich mit häufiger, langanhaltender Einwirkung von abfließendem Wasser oder Kondenswasser und im Außenbereich, der Witterung ausgesetzt, jedoch mit angemessenem Oberflächenschutz. Beanspruchungsklasse C4 setzt eine Prüfung mit drei Teilprüfungen voraus. Die Teilprüfungen wurden nach 7 Tagen Lagerung im Normalklima, nach 7 Tagen Lagerung im Normalklima und anschließend 1 Tag in Wasser bei 20±5°C, sowie nach 7 Tagen Lagerung im Normalklima und anschließender 3-stündiger Kochung, gefolgt von einer 2-stündigen Lagerung in Wasser bei 20±5°C durchgeführt.

Für einen Versuch nach DIN EN 12765 wurden die Silantypen A, B, C und D in jeweils 3 Konzentrationen (1%, 3%, 5%) mit Essigsäure auf pH 5 eingestellt und mit einer Sprühpistole gleichmäßig auf gehobelte Bretter (Fagus sylvatica L., 550 x 130 x 5 mm3) aufgetragen. Ein Teil der Bretter wurde nach kurzem oberflächigem Abtrocknen mit MUPF verklebt, der andere Teil wurde in einem Trockenschrank stufenweise auf 103°C erhitzt, um die Silane auszuhärten und dann verklebt. Für beide Teilversuche wurden wasserbehandelte und unbehandelte Bretter als Kontrolle unter jeweils gleichen Bedingungen vorbereitet.

Für einen zweiten Versuch wurden wie oben vorbereitete Bretter mit dem Silan D5 getränkt und mit den Silanen A1, B1 und C1 besprüht, stufenweise auf 103°C erhitzt, und mit EPI, PUR und PVAc verklebt.

Nach vollständiger Aushärtung der Klebstoffe wurden die Prüfkörper für beide Versuche aus den Lamellen nach Normvorgabe zugeschnitten und im Normalklima (20°C, 65% rel. Feuchte) klimatisiert. Die Proben wurden mit einer Tischprüfmaschine mit vorinstallierter Standardprüfvorschrift für Zugscherprüfungen geprüft.

2.2.5.3 Beschichtbarkeit

Da es durch die veränderten Oberflächeneigenschaften aufgrund einer Silanbehandlung auch zu einer schlechteren Haftung oder verlängerten Trockenzeit von Beschichtungen kommen kann, wurde die Beschichtbarkeit mit konventionellen Beschichtungssystemen auf Acrylatbasis (wasserbasiertes System) und Alkydharzbasis (organisches Lösungsmittel) überprüft. Dazu wurden Kiefernbretter mit dem Silantyp D5* im Vakuum-Druckverfahren behandelt. Diese und unbehandelte Bretter wurden jeweils ohne und mit 3 verschiedenen Haftvermittlern (Typen A1*, B1*, C1*) geprüft. Die Haftvermittler wurden mit einer Sprühpistole aufgetragen. Dabei wurden die Trockenzeit, die Abhebefestigkeit, sowie die Eigenhaftung der Beschichtung (sog. Blocking) bestimmt.

Für jede Behandlung und jedes Beschichtungssystem wurden jeweils 10 Proben in der Größe 85 x 50 x 15 mm3 (long x rad x tan) beschichtet. Die Beschichtungen wurden mit einer Schaumstoffrolle aufgetragen. Das verwendete Acrylatsystem war Sikkens Cetol WP 560 als Primer und Sikkens Cetol WP 780 als Finish. Als Alkydsystem wurde Sikkens HLS als Primer und Sikkens Novatech 006 als Finish verwendet (jeweils Akzo Nobel Deco, Wunstorf).

Die Trockenzeit wurde nach DIN 53150 bestimmt. Dazu wurde eine Wattekugel aus 5 cm Höhe auf die Beschichtung fallen gelassen und das Brett umgedreht. Die Zeit, bei der die Kugel nicht mehr haften blieb, galt als Zeit, bei der die Beschichtung oberflächentrocken ist. Um die Zeit der Trocknung zu bestimmen, bei der die Beschichtung überarbeitbar ist, wurde eine Wattekugel mit einem Druck von 10 N für 10 Sekunden auf die Beschichtung gedrückt. Blieben nach Entfernen der Kugel keine Wattereste auf der Beschichtung zurück, war die Beschichtung vollständig trocken.

Die Abhebefestigkeit wurde nach PrENV 927-8 nass und trocken bestimmt. Dazu wurden Aluminiumstempel mit einem 2-Komponentenkleber (Araldite 2011, Huntsman Advanced Materials (Europe) BVBA, Everberg, Belgien) auf die Beschichtung geklebt und nach dem Abtrocknen des Klebers ein Ring um die Stempel in die Beschichtung gefräst. Die Abhebefestigkeit wurde mit einem Pull-Off-Tester (PosiTest AT-P, DeFelsko Corporation, Ogdensburg, USA) ermittelt. Zur Bestimmung der Nassabhebefestigkeit wurden 2 Stunden vor dem Test 0,5 ml Wasser in den gefrästen Ring gegeben. Hierbei wurde auch der Anteil des Holzbruchs visuell ermittelt.

Um die Eigenhaftung (Blocking) der eingesetzten Systeme zu ermitteln, wurden die Proben aus jedem System kreuzweise übereinander gestapelt und mit einem Gewicht von 5 kg versehen für 24 Stunden bei 50°C in einen Trockenschrank gestellt. In einer subjektiven Skala von 0 (kein Blocking) bis 5 (alle Proben haften zusammen, lösen sich nur unter Beschädigung der Beschichtung) wurde aufgenommen, wie stark die Proben aneinander hafteten (Methodik nach DAWSON *et al.*, 2001).

2.2.5.4 Kapillare Wasseraufnahme

Zur Bestimmung der kapillaren Wasseraufnahme wurden 5 Prüfkörper je anatomischer Richtung mit den Silantypen B5*, C5*, D1*, D5*, D10* und D20* im Vakuum-Druck-Verfahren (60/120 Minuten) behandelt. Für die radiale und tangentiale Aufnahme wurden Prüfkörper mit den Maßen 40 x 40 x 40 mm^3 verwendet, für die longitudinale Richtung 20 x 20 x 230 mm^3 (rad x tan x long). Die Prüfkörper wurden rundherum mit einem diffusionsgeschlossenen Lack versiegelt (pyrotect®, Rütgers Organics GmbH, Mannheim), wobei die gegenüberliegenden Seiten der zu untersuchenden anatomischen Richtung offen blieben. Die Prüfung wurde in Anlehnung an DIN 52617, einer Norm für poröse Baustoffe, durchgeführt. Dazu wurden die Prüfkörper abweichend von der Norm klimatisiert, bevor sie auf einen wassergesättigten Schwamm mit 1-2 mm Flüssigkeitsüberstand gestellt wurden. Die Massenzunahme wurde regelmäßig bestimmt, bis austretendes Wasser an der Oberseite der Prüfkörper zu beobachten war.

2.2.5.5 Dampfdiffusion

An behandelten Kiefernvollholzprüfkörpern (Durchmesser 7 cm, Dicke 2 cm) wurde die Wasserdampfdiffusionsdurchgangsrate nach DIN EN ISO 12 572 bestimmt. Die Prüfkörper wurden dazu mit den Silantypen B5*, C5* und D5* im Vakuum-Druck-Verfahren behandelt. Die Prüfkörper wurden anschließend so in mit Trockenperlen gefüllte Gefäße eingebaut, dass Luftfeuchtigkeit nur in radialer Richtung durch das Holz in das Gefäß eindringen konnte. Die Außenseite der Prüfkörper wurde mit einem diffusionsgeschlossenen Klebeband abgeklebt und mit einem ebenfalls diffusionsgeschlossenen Wachs (Typ 6660, Sasol, Hamburg) versiegelt. Die Wasserdampfdurchgangsrate wurde über die Massenzunahme des Gefäßes bei 23°C und 85% relativer Feuchte bestimmt. Dazu wurde zunächst die Massenänderung m [g] je Zeiteinheit t [h] bestimmt:

$$\Delta \dot{m}_{1;2} = \frac{m_2 - m_1}{t_2 - t_1}[g/h]$$

Im nächsten Schritt wurde die Steigung der Regressionsgeraden im linearen Bereich der Massenänderung über der Zeitdifferenz berechnet. Die Wasserdampfdiffusionsstromdichte g ist der Quotient aus der Geradensteigung G und der Prüffläche A der Probekörper:

$$g = \frac{G}{A}[g/(m^2 \times h)]$$

2.2.5.6 Feuchteaufnahme

Ergänzend zum Diffusionswiderstand wurde die Geschwindigkeit der Feuchteaufnahme für verschiedene Behandlungen ermittelt. Dazu wurden absolut trockene Vollholz-Prüfkörper der Maße 30 x 10 x 5 mm³ (long x rad x tan) im Normalklima gelagert und die Massenzunahme in regelmäßigen Abständen bestimmt. Die Prüfkörper wurden zuvor mit den Silantypen B5*, C5* und D5* im Vakuum/Druckverfahren getränkt, auf 0% Feuchte getrocknet und anschließend bei 20°C und 65% rel. Feuchte gelagert. Über die Massenzunahme während der Klimatisierung wurde die Geschwindigkeit der Feuchteaufnahme nach folgender Formel berechnet:

$$u = \frac{m_u - m_t}{m_o} \times 100[\%]$$

Hierbei ist m_t das atro-Gewicht und m_u das Gewicht zum Zeitpunkt der Messung des modifizierten Holzes, m_o steht für das atro-Gewicht des Holzes vor der Behandlung.

2.3 Methoden Silanbehandlung von Spänen

2.3.1 Gelierzeitmessung

Um den Einfluss von Silanen auf die Aushärtung des Leims zu untersuchen, wurde die Gelierzeit des MUPF-Harzes mit 6% Härter (Ammoniumsulfat, 33%ig) unter Zugabe von vier Silantypen (A, B, C, D) in jeweils vier Konzentrationen (1%, 3%, 5%, 7%, bezogen auf den Feststoffgehalt) und zwei pH-Werten (nativ, pH 4) mit einem Gelierzeitmessgerät bei 100°C gemessen. Versuchsaufbau und Einwaage der Leimmenge wird in der Holzwerkstoff- und Klebstoffindustrie nicht einheitlich durchgeführt (KLOESER, 2008). Die Silan-Leim-Mischung wurde mit konzentrierter Essigsäure auf pH 4 eingestellt. Da die Silanzugabe den Leim verwässert, wurden Kontrollen mit der der Silanzugabe entsprechenden Wasserzugabe jeweils für native und sauer eingestellte Silane untersucht. Die Kontrolle für sauer eingestellte Silane wurde ebenfalls mit Essigsäure auf pH 4 eingestellt. Je untersuchter Kombination wurde ein Ansatz aus Leim, Silan und Härter von etwa 100 g vorbereitet. Die oben genannten Konzentrationen basieren dabei auf den Feststoffgehalten der Silane bezogen auf den Feststoffgehalt des Leims. Von diesem

Ansatz wurde jeweils ein Reagenzglas (Innendurchmesser 20 mm) mit einer Füllhöhe von 4 cm befüllt. Ein Metallrührstab wurde in das Reagenzglas gestellt und das Reagenzglas anschließend zügig im Gelierzeitmeßgerät befestigt und die Messung gestartet. Der Rührstab wurde so lange bewegt, bis der Leim gelierte und das Reagenzglas dadurch mit dem Rührstab angehoben wurde, was den Kontakt der Stoppuhr unterbrach. Somit ist eine objektive Beendigung der Messzeit gewährleistet.

2.3.2 Spanvorbehandlung im Reaktor

Zur Herstellung von Spanplatten wurden Späne mit den Silantypen A1, A3, A5, B3, C3, D1, D3, D5 und Wasser vorbehandelt. Die Vorbehandlung erfolgte in der Beleimungstrommel mit einer Silaneindüsung von außen mit 6 bar und etwa 60 Trommelumdrehungen pro Minute. Die Verweildauer der Späne in der Beleimungstrommel lag bei etwa 30 Minuten. Die mit den Silanen besprühten Späne wurden im Spänereaktor bei etwa 50 mbar und 12 Umdrehungen des Rührwerks pro Minute auf 125°C erhitzt. Die Späne wurden so getrocknet und die Silane ausgehärtet.

Durch die Umwälzung während der Behandlung in Beleimungstrommel und Spänereaktor wird die Korngrößenfraktion der Späne beeinflusst. Daher wurde von jeder Behandlungsvariante nach der Behandlung im Spänereaktor die Verteilung auf Größenfraktionen mit einer Siebmaschine (KS 1000, Retsch GmbH, Haan) untersucht und mit unbehandelten und nur in der Beleimungstrommel durchgemischten Späne verglichen. Dazu wurden Siebe der Maschenweiten 4 mm, 2 mm, 1,6 mm, 1 mm und 0,5 mm verwendet. Gesiebt wurde für 8 Minuten bei 80 Umdrehungen pro Minute.

2.3.3 Spanplattenherstellung

Zur Spanplattenherstellung wurden die Späne in der Beleimungstrommel mit MUPF (15% Feststoff auf atro Spanmasse) bzw. PMDI (6% Feststoff auf atro Spanmasse) beleimt. Der Leim wurde mit 6 bar Druck eingedüst, während die Trommel mit etwa 60 Umdrehungen pro Minute bewegt wurde. Die Verweildauer der Späne in der Beleimungstrommel lag bei etwa 30 Minuten, um eine gleichmäßige Leimverteilung zu erzielen. Den Berechnungen für die benötigten Mengen an Spänen, Leim und Silanen lagen die Festsetzungen der Zielrohdichte der Spanplatten von 0,68 g/cm^3 und eine Zielstärke von 16 mm bei einem Plattenmaß von 45 x 45 cm zugrunde. Der Spankuchen wurde gleichmäßig in einen Streurahmen gestreut, vorverdichtet und in einer Laborpresse (Joos) bei 220°C (MUPF) bzw. 200°C (PMDI) zu Spanplatten verpresst. Die Dicke der Spanplatten wurde über Distanzleisten definiert. Gepresst wurde mit 15 sek/mm, also 4 Minuten. Diese lange Presszeit wurde gewählt, um sicherzustellen, dass die Bindemittel während der Pressung vollständig aushärten.

Nach dem Pressen wurden die Spanplatten für einen Tag in Umgebungsluft klimatisiert. Anschließend wurde die Presshaut abgeschliffen und die Platten zugeschnitten. Zur Formaldehydbestimmung vorgesehene Proben wurden bis zur Messung vakuumverpackt, die übrigen Prüfkörper im Normalklima klimatisiert.

2.3.4 Biologische Untersuchungen

Für Spanplatten wurde ein Schimmeltest in Anlehnung an BS 3900-G6 durchgeführt. Abweichend von der Norm wurden Prüfkörper der Dimension 25 x 25 x Plattendicke mm^3 verwendet. Im Abstand von 5 mm vom oberen Rand wurde mittig ein kleines Loch gebohrt, an dem die Proben in einem allseits geschlossenen Glasgefäß in zufälliger Reihenfolge aufgehängt wurden. Die Proben wurden zuvor mit der nach Norm hergestellten Sporensuspension besprüht. Abweichend von der Norm wurde *Sporobolomyces roseus* (Kluyver & C. B. Niel) nicht verwendet, da dieser Pilz außerhalb Großbritanniens nur eine untergeordnete Rolle spielt. Die Gefäße wurden mit einem Wasserstand von 5 cm gefüllt und je ein Aquarienthermostat eingelegt, um die Temperatur des Wassers gleichmäßig auf 27°C zu halten. Dies entspricht am Aufstellungsort einer um 5°C höheren Temperatur als in der Umgebung. Der Befallsgrad wurde nach 2, 4, 6 und 12 Wochen in Befallsklassen bestimmt. Die Grenzen der Befallsklassen wurden nach Norm bei 1%, 10%, 30% und 70% Oberflächenbefall gesetzt.

2.3.5 Physikalisch-technologische Untersuchungen

2.3.5.1 Biegefestigkeit und Biege-E-Modul

Die Biegefestigkeit und der Biege-Elastizitätsmodul der hergestellten Spanplatten wurden im 3-Punkt Biegeversuch nach DIN EN 310 mit einer Universal-Prüfmaschine bestimmt. Bestimmt wird die Biegefestigkeit durch mittiges Aufbringen einer Last auf den Prüfkörper. Der Abstand der unteren Auflager entspricht dem 20-fachen der Nenndicke der Werkstoffe. Aus jeder hergestellten Spanplatte wurden 4 Prüfkörper mit einer Breite von 50±1 mm vorbereitet. Die Biegefestigkeit f_m berechnet sich nach folgender Formel:

$$f_m = \frac{3 \times F_{max} \times l_1}{2 \times b \times t^2} \left[N / mm^2 \right]$$

Dabei ist F_{max} die Bruchkraft in Newton, l_1 der Abstand der Auflager, b die Breite und t die Dicke des Prüfkörpers im mm.

Während der Biegeprüfung wurde auch das Biege-E-Modul E_m ermittelt. Dieses berechnet sich nach folgender Formel:

$$E_m = \frac{l_1^3 \times (F_2 - F_1)}{4 \times b \times t^3 \times (a_2 - a_1)} \left[N / mm^2 \right]$$

Dabei ist (F_2-F_1) die Kraftzunahme im geradlinigen Bereich des Kraft-Durchbiegungs-Diagramms in Newton und (a_2-a_1) die Durchbiegungszunahme in der Prüfkörpermitte, entsprechend (F_2-F_1).

2.3.5.2 Querzugfestigkeit (V20)

Die Zugfestigkeit senkrecht zur Plattenebene (Trocken-Querzugfestigkeit) wurde nach DIN EN 319 mit einer Universal-Prüfmaschine bestimmt. Dazu wurden aus jeder Spanplatte 6 Prüfkörper mit den Kantenlängen 50±1 mm hergestellt und mit Schmelzkleber auf Prüfjoche aus Aluminium geklebt. Der Berechnung der Querzugfestigkeit f_t eines jeden Prüfkörpers liegt folgende Formel zugrunde:

$$f_t = \frac{F_{\max}}{a \times b}\left[N / mm^2\right]$$

Dabei ist F_{max} die Bruchkraft in Newton, und a und b die Länge und Breite des Prüfkörpers im mm.

2.3.5.3 Kochquerzugprüfung (V100)

Die Querzugfestigkeit nach der Kochprüfung wurde nach DIN EN 1087-1 mit einer Universal-Prüfmaschine ermittelt. Es wurden 6 Prüfkörper mit den Kantenlängen 50±1 mm je Spanplatte vorbereitet und mit Resorcin-Phenol-Formaldehydharz zwischen Joche aus wasserfest verleimtem Sperrholz geklebt. Die Proben wurden in kaltes Wasser gegeben, welches innerhalb von 90 Minuten zum Kochen gebracht wurde, und für 2 Stunden gekocht. Anschließend wurde das Wasser getauscht und die Proben für 2 Stunden in Wasser bei 20°C gelagert. Die Proben wurden nass getestet. Die Querzugfestigkeit nach der Kochung berechnet sich wie unter 2.3.4.3 beschrieben.

2.3.5.4 Dickenquellung

Die Dickenquellung wurde nach DIN EN 317 bestimmt. Zusätzlich wurde die Dickenquellung nach 72 Stunden aufgenommen. Auch hierzu wurden 6 Prüfkörper je Spanplatte mit einer Kantenlänge von 50±1 mm vorbereitet. Diese wurden frei schwimmend bei konstant 20°C unter Wasser getaucht und nach 24 und 72 Stunden vermessen. Aus der Änderung der Maße lässt sich die Dickenquellung G_t mit folgender Formel berechnen:

$$G_t = \frac{t_2 - t_1}{t_1} \times 100[\%]$$

Dabei ist t_1 die Dicke des Prüfkörpers vor und t_2 die Dicke des Prüfkörpers nach der Wasserlagerung in mm.

2.3.5.5 Wasseraufnahme

Parallel zur Bestimmung der Dickenquellung wurde die Wasseraufnahme der gleichen Prüfkörper durch Wägung nach 24 und 72 Stunden ermittelt. Aus der Massendifferenz errechnet sich die Wasseraufnahme W_t nach folgender Formel:

$$W_t = \frac{m_2 - m_1}{m_1} \times 100[\%]$$

Dabei ist m_1 das Gewicht des Prüfkörpers vor und m_2 das Gewicht des Prüfkörpers nach der Wasserlagerung in g.

2.3.5.6 Feuchteaufnahme

Für die hergestellten Spanplatten wurde auch die Geschwindigkeit der Feuchteaufnahme bestimmt. Dazu wurden Prüfkörper der Abmessungen 150 x 20 x Plattendicke [mm^3] darrgetrocknet, im Normalklima gelagert und in regelmäßigen Abständen gewogen. Die Feuchteaufnahme der Spanplatten wird analog zu der der Vollholzprüfkörper berechnet, mit dem Unterschied, dass die atro-Bezugsgröße in Zähler und Nenner die gleiche ist.

2.3.5.7 Bewitterung beschichteter Proben

Die Stabilität einer Beschichtung auf Spanplatten aus behandelten Spänen, sowie die Feuchtestabilität dieser Spanplatten wurde wie bei den Vollholzproben im Schnellbewitterungsgerät nach DIN EN 927-6 ermittelt. Spanplatten aus mit den Silantypen A1, A3, A5, D1, D3, D5, B3 und C3 vorbehandelten Spänen wurden jeweils beschichtet und unbeschichtet geprüft. Die Prüfung der Spanplatten wurde aufgrund starker Auflösung des Holz-Bindemittel-Verbundes einiger Prüfkörper nach fünf Zyklen beendet. Die Proben wurden gewogen und mit einem Messschieber an einer definierten Stelle die Dicke gemessen. Auf eine farbliche Auswertung wurde bei den Spanplatten aufgrund der sehr hohen Inhomogenität der Oberfläche und des starken Feuchteeinflusses auf die Oberflächenfarbe verzichtet.

2.3.6 Analytische Untersuchungen

2.3.6.1 Formaldehyd-Gehalt Perforator

Der Formaldehydgehalt der mit MUPF-Leim gebundenen Spanplatten wurde nach DIN EN 120 bestimmt. Dabei werden die Prüfkörper für 2 Stunden in Toluol gekocht, um das enthaltene Formaldehyd vollständig zu lösen und das gelöste Formaldehyd in demineralisiertes Wasser überführt. Der Formaldehydgehalt wird anschließend nach der Acetylaceton-Methode photometrisch bei 412 nm bestimmt (DIN EN 120).

2.3.6.2 REM-EDX-Mapping an silanbehandelten Proben

Raster-Elektronenmikroskopische (REM) Aufnahmen und energiedispersive Röntgenanalysen (EDX) wurden bei einer Anregungsspannung von 15 kV durchgeführt. Auf den untersuchten Oberflächen wurden Elementspektren bestimmt sowie Punktmessungen und Mappings für die Elemente Sauerstoff, Kohlenstoff und Silizium durchgeführt. Untersucht wurde Spanmaterial, behandelt mit den Silantypen D1, D3, D5 und C3 und Wasser, die Bruchflächen der aus den genannten Silanen hergestellten Spanplatten nach Querzug- und Kochquerzugprüfung, sowie die Bruchflächen von Vollholzproben, behandelt mit den Silantypen D1 und D5, nach der Zugscherprüfung. Aus jeder zu untersuchenden Variante wurde eine Probe von etwa 50 mm2 Größe zugeschnitten und mit doppelseitigem Klebeband auf Probenträger aus Aluminium geklebt. Die Proben wurden bei 60°C für 2 Stunden im Trockenschrank getrocknet. Die Trocknung hat keinen

Einfluss auf das Analyseergebnis, sondern dient lediglich dazu, den Aufbau des Vakuums in der EDX-Kammer zu beschleunigen. Anschließend wurden die Proben für 3 Minuten im Plasma mit Gold beschichtet. Dies entspricht einer Schichtdicke von etwa 10 nm.

2.3.7 Statistische Methoden

Die statistische Auswertung wurde mit R (R DEVELOPMENT CORE TEAM, 2009) durchgeführt. Die Daten wurden dabei zunächst mit dem Shapiro-Wilk-Test auf Normalverteilung getestet. Varianzhomogenität wurde unterstellt. Normalverteilte Datenreihen wurden mit einer Varianzanalyse (ANOVA) auf signifikante Unterschiede geprüft, nicht normalverteilte Datenreihen mit dem Kruskal-Wallis-Test. Dazu wurde bei allen Testverfahren ein 95%iges Konfidenzintervall angenommen. Für sämtliche grafischen Darstellungen in Form eines Box-Whisker-Plots gilt, dass die Box den Bereich zwischen dem ersten und vierten Quartil darstellt, also 50% der Messwerten innerhalb der Box liegen. Der Balken in der Box gibt den Median an, die Balken an der Box umfassen 95% aller Messwerte. Mit dem Kreuz ist das arithmetische Mittel gekennzeichnet. In einigen Grafiken sind auch Kreise dargestellt. Diese markieren Ausreißer der entsprechenden Datenreihe. Liegen unterschiedlich viele Messwerte für die Datenreihen eines Versuchs vor, so spiegelt die Breite der Boxen die Anzahl der Messwerte wieder (Breite der Box=$\sqrt{n}$).

3 Ergebnisse und Diskussion

3.1 Silanbehandlung von Vollholz

3.1.1 Schnellbewitterung

Im Ausgangszustand sind die silanbehandelten Prüfköper, unabhängig von der Konzentration (WPG bei Behandlung mit 5% Silan D 5,5%±0,1%, mit 20% Silan D 23,1% ±0,9%), etwas dunkler und unbunter als die Kontrolle. Dies wurde auch von DONATH *et al.* (2007) beobachtet, während WEIGENAND (2006) von abnehmender Helligkeit bei zunehmender Buntheit an silanbehandelten Prüfkörpern berichtet. Dies wurde auch von GHOSH *et al.* (2009b) bei mit Aminosilikon-Makroemulsion behandeltem Holz beobachtet. GHOSH *et al.* (2009b) haben mit zunehmendem Silikongehalt eine stärkere Veränderung der Werte für Helligkeit und Farbigkeit beobachtet. Die Veränderungen können auf die funktionellen Gruppen der Silane, bzw. Silikone zurückgeführt werden. Die Veränderung der Farbigkeit ist dabei vor allem auf zunehmende Gelb-Werte zurückzuführen. Der Grund dafür kann in der temperaturbedingten Oxidation der in den Behandlungsmitteln enthaltenen Aminogruppen während der Aushärtung liegen (XIE *et al.*, 2008).

Nach einer vorübergehenden Verdunkelung nach einer Woche wurden die bewitterten Flächen sämtlicher Proben wieder allmählich heller (Abb. 4a). Die Buntheit nahm über die gesamte Versuchszeit relativ gleichmäßig ab (Abb. 4b). UV-Strahlung mit einer Wellenlänge unter 350 nm führt zur Bildung freier Radikale an der Oberfläche, was ligninabbauende oxidative Reaktionen auslöst (HON, 2001). Die Verdunkelung zu Beginn der Bewitterung lässt sich durch die dabei entstehenden chromophoren Gruppen erklären. Die anschließende Aufhellung kann auf die Auswaschung der chromophoren Gruppen zurückgeführt werden (DONATH *et al.*, 2007). Die Auswaschung chromophorer Substanzen erhöht den Anteil der Zellulose, welche kein sichtbares Licht absorbiert, was die Helligkeit des Holzes erhöht, aber wenig Einfluss auf die Buntheit hat (KAMDEM UND GRELIER, 2002).

Weder beim Zeitpunkt der Verfärbung noch beim Farbverlauf konnten deutliche Unterschiede zwischen behandelten und unbehandelten Prüfkörpern festgestellt werden. Da Silane keine chromophoren Gruppen enthalten, konnte kein UV-Schutz erwartet werden. Das Ergebnis überrascht dennoch, da die Behandlung mit organofunktionellen Silanen von DONATH *et al.* (2005) als hydrophobierend beschrieben wurde. Die verzögerte Aufhellung führen DONATH *et al.* (2007) auf eine geringere Auswaschung aufgrund der hydrophobierenden Silanbehandlung zurück. Die Ergebnisse von DONATH *et al.* (2007) sind allerdings nicht uneingeschränkt vergleichbar, da der Behandlung mit Silan Typ D20* noch ein Radikalfänger (sterisch gehindertes Amin) zugefügt wurde und die Proben anschließend mit einem UV-Absorber (Hydroxyphenyl-Benzotriazol) überzogen wurden. Dadurch wird nicht nur Lignin, sondern auch das Silan vor UV-Abbau geschützt.

Wie von DONATH *et al.* (2007) beobachtet, sind auch bei diesem Versuch, unabhängig von der Behandlung, Risse an den Prüfkörpern aufgetreten. Risse entstehen durch Veränderungen der Holzfeuchte unterhalb des Fasersättigungspunktes. Ein starkes Gefälle der Holzfeuchte zwischen Oberfläche und Innerem des Holzes verstärkt die Rissbildung (DONATH *et al.*, 2006).

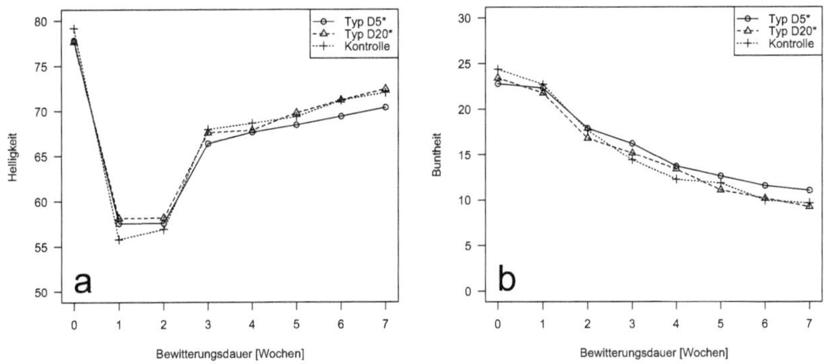

Abbildung 4: Verlauf von Helligkeit (a) und Buntheit (b) behandelter Proben während der Schnellbewitterung (n=3).

3.1.2 Außenbewitterung

Zusätzlich zu den Prozessen bei der Schnellbewitterung werden die Proben in der Außenbewitterung von Pilzen (meist *Aureobasidium pullulans*) befallen, der von den UV-bedingten Abbauprodukten des Lignins und der Polysaccharide leben. Dies führt zur Vergrauung der Holzoberfläche. Es konnte kein Unterschied im Farbverlauf zwischen behandelten und unbehandelten Proben festgestellt werden (Abb. 5). GHOSH *et al.* (2009a) und DONATH (2004) berichten übereinstimmend, dass mit verschiedenen Silikon-Emulsionen (GHOSH *et al.*, 2009a) und Silanen (DONATH, 2004) behandeltes Holz in der Freilandbewitterung keine Veränderungen an der bewitterten Oberfläche im Vergleich zur Kontrolle bewirken, während die behandelten Proben an der unbewitterten Rückseite deutlich weniger verfärbt sind. Die Verfärbungen auf der unbewitterten Rückseite sind dabei eher auf Schimmelbefall zurückzuführen.

Die Freilandproben wiesen leichten Bläue- (Oberseite) und teilweise starken Schimmelbefall (Unterseite) auf. Dabei fiel auf, dass die unbehandelten Proben visuell deutlich stärker von Schimmel befallen waren als die behandelten Proben. Zwei Gründe können dafür in Frage kommen. Zum einen könnte die Behandlung mit Silan Typ D die Feuchteaufnahme so weit verringern, dass die Holzfeuchte nicht mehr ausreicht, um das Pilzwachstum zu ermöglichen, zum anderen enthält Silan Typ D Aminogruppen, welche vor Pilzbefall schützen können. GHOSH *et al.* (2009a, b) haben bei mit Aminosilikon-Makroemulsion behandeltem Holz den im Vergleich geringsten Pilzbefall, sowohl durch holzabbauende Pilze wie auch Oberflächenpilze, beobachtet. GHOSH *et al.* (2009b) schließen die hydrophobierende Wirkung als Grund aus, da eine Behandlung mit Alkylsilikon-Makroemulsion ebenfalls hydrophobiert, aber nicht vor Pilzbefall schützt. Da Silikone inert gegen enzymatischen Abbau sind (NOLL, 1968), führen GHOSH *et al.* (2009a) die Schutzwirkung auf veränderte Oberflächeneigenschaften des Holzes zurück.

Bedingt durch den ständigen Wechsel der Feuchtigkeit und Temperatur und dem damit verbundenen Quellen und Schwinden (URBAN, 2005) bildeten sich an allen Prüfkörpern Risse. Ein Unterschied in der Rissausprägung zwischen den Behandlungen konnte nicht nachgewiesen werden. DONATH *et al.* (2006) bestätigen, dass eine Behandlung mit Silan D keinen Schutz vor witterungsbedingter Rissbildung bietet. GHOSH (2009) berichtet über eine unveränderte Rissbildung bei Behandlung mit Aminosilikon-Makroemulsion und Alkylsilikon-Makroemulsion, während bei Behandlung mit quarternärer Silikon-Mikroemulsion die Rissbildung deutlich reduziert war. Er führt dies auf die aufgrund der geringeren Partikelgröße bessere Eindringung der Mikroemulsion in das Holz zurück.

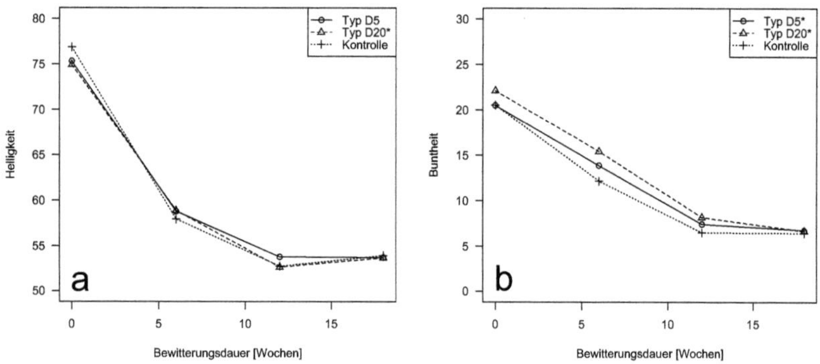

Abbildung 5: Verlauf von Helligkeit (a) und Buntheit (b) behandelter Proben während der Aussenbewitterung (n=3).

3.1.3 Biologische Untersuchungen

3.1.3.1 Schimmeltest

Silan Typ D5* zeigte als einziges der untersuchten Silane eine sehr gute Schutzwirkung gegen Schimmel (Abb. 6). Der Befallsgrad an der Oberseite lag bei 1,0% und an der auf dem Substrat aufliegenden Unterseite bei 2,6%. Die geringste Schutzwirkung zeigte Typ B8* mit Befallsgraden von 41,9% an der Oberseite und 35,5% an der Unterseite. Die unbehandelte Kontrolle war an der Oberseite zu 30,8% und an der Unterseite zu 27,2% befallen. Der Befall an der Oberseite ist bei Typ B8* signifikant höher als bei der Kontrolle. Dies kann darauf zurückgeführt werden, dass die Typen B und C relativ hydrophile Silansysteme sind, während Typ D hydrophob eingestellt ist. Dadurch bewirkt Typ D5* ungünstigere Bedingungen für einen Schimmelbefall. DONATH *et al.* (2006) konnten nachweisen, dass die pilzhemmende Wirkung von einer Behandlung mit aminofunktionellen Silanen hauptsächlich auf die Aminogruppen zurückzuführen ist und weniger auf die wasserabweisende Wirkung. Auch GHOSH *et al.* (2009d) und WEIGENAND *et al.* (2008) berichten übereinstimmend, dass Aminogruppen in Silikonemulsionen für den Schutz vor Pilzbefall durch abbauende Pilze verantwortlich sind.

Auch wurde festgestellt, dass die in sauren Aminosilane enthaltenen Ammoniumgruppen das Pilzwachstum ähnlich wie quarternäre Ammoniumverbindungen hemmen. In alkalischen Aminosilanlösungen sind die Aminogruppen nicht protoniert, was zu einem geringeren Einfluss auf das Pilzwachstum führte als bei sauren Lösungen (DONATH *et al.*, 2006). Alle im vorliegenden Versuch verwendeten Silane enthalten Aminogruppen, jedoch sind die Typen B und C basisch und nur Typ D sauer eingestellt. Daher ist anzunehmen, dass die gute Schutzwirkung von Typ D auf dessen protonierten Aminogruppen beruht. Allerdings zeigten auch die basischen Silane bei DONATH *et al.* (2006) noch eine gewisse Schutzwirkung gegenüber holzabbauenden Pilzen, während sie im vorliegenden Versuch keine Wirkung zeigen.

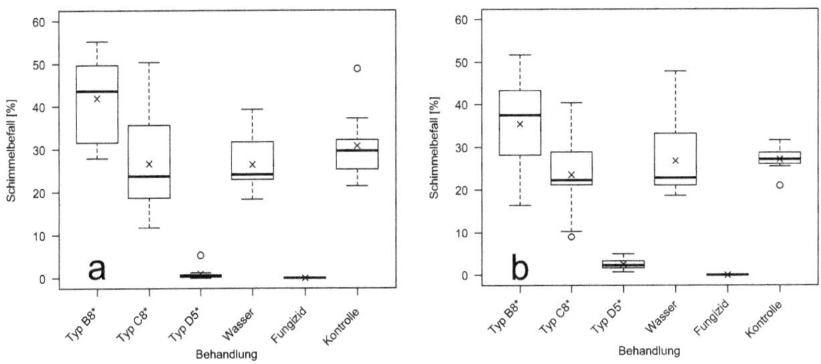

Abbildung 6: Schimmelbefall auf Ober- (a) und Unterseite (b) behandelter Proben (n=10).

3.1.3.2 Bläuetest

Die Prüfkörper wiesen einen stärkeren Bläuebefall auf der auf dem Substrat aufliegenden Unterseite als auf der Oberseite auf (Abb. 7), was auf den direkten, dauerhaften Kontakt mit dem infizierten Feuchteregulator zurückgeführt werden kann. Typ D5* zeigte auch gegen Bläue die beste Schutzwirkung mit einem Befallsgrad von 6,3% an der Ober- und 2,0% an der Unterseite. Die Behandlung verringert den Bläuebefall an der Oberseite nicht signifikant im Vergleich zur Kontrolle, wobei die Befallsgrade der Oberseite insgesamt relativ niedrig sind. Der Befall auf der Unterseite ist signifikant geringer als bei der Kontrolle, jedoch nicht im Vergleich zu den anderen Silanen. Obwohl die Typen B8* und C8* keinen Schutz gegen Schimmelbefall zeigten, ist auf den Unterseite der Proben ein signifikant geringerer Bläuebefall als an der Kontrolle zu beobachten. Der Befall der unbehandelten Kontrolle lag bei 13,1% an der Ober- und

41,1% an der Unterseite. Sehr ähnlich befallen waren die wasserbehandelten Proben. Der Befall durch Bläue scheint demnach weniger stark durch Unterschiede in der Holzfeuchte beeinflusst zu werden als der Schimmelbefall. Auch die in den Silanen enthaltenen Aminogruppen können den Befall mit Bläue abgeschwächt haben. Dabei zeigen auch die basisch eingestellten Silane B und C eine gute Schutzwirkung, während das sauer eingestellte Silan D die beste Schutzwirkung zeigt. Dies entspricht der Beobachtung von DONATH *et al.* (2006). GHOSH *et al.* (2009c) haben eine erhöhte Pilzresistenz bei mit Aminosilikonen behandeltem Holz festgestellt, was sie auf veränderte Oberflächeneigenschaften des Holzes, verringerte Feuchteaufnahme und fungizide Wirkung der Aminogruppe zurückführen. Diese Gründe können auch bei den vorliegenden Ergebnissen eine Rolle spielen. Dies würde auch erklären, warum die Oberseite, die keinen Kontakt zum befeuchteten und infizierten Substrat hatte, deutlich weniger befallen ist.

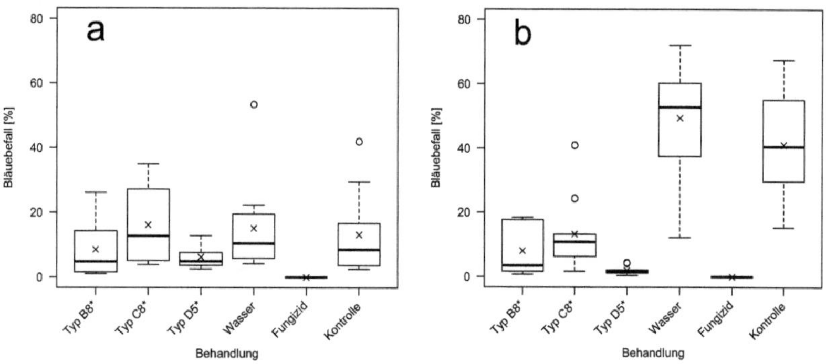

Abbildung 7: Bläuebefall auf Ober- (a) und Unterseite (b) behandelter Proben (n=10).

3.1.4 Kontaktwinkelmessung

Entgegen den Erwartungen zeigten die Kontaktwinkelmessungen nach dem Aushärten der oberflächig aufgebrachten Silane überwiegend keine signifikante Veränderung in der Benetzbarkeit der Oberflächen (Abb. 8a). Die Behandlungen mit den Silanen B3, C1 und C3 und mit Wasser führten nach dem Erhitzen zu signifikant niedrigeren Kontaktwinkeln und damit zu einer besseren Benetzbarkeit als bei der Kontrolle (Oberfläche nicht frisch gehobelt). Nur die Behandlung mit Silan Typ D1 führte zu signifikant höheren Kontaktwinkeln und damit zur Hydrophobierung.

Bei den frisch bearbeiteten Oberflächen mit kurzzeitig luftgetrockneten Silanen waren die Kontaktwinkel insgesamt deutlich niedriger, die Oberfläche also deutlich hydrophiler (Abb. 8b). Dabei war auch eine Tendenz bezüglich der Konzentration der eingesetzten Silanlösungen zu beobachten. Steigende Konzentrationen lassen die Oberfläche hydrophiler werden. Dies trifft auch auf das hydrophob eingestellte Silan Typ

D zu, wobei dieses in der mittleren Konzentration zu leicht erhöhten Kontaktwinkeln führte.

Es fällt auf, dass die Kontaktwinkel für jede Behandlung nach dem Aushärten deutlich größer waren als bei den nur oberflächlich abgetrockneten Behandlungen. Da Holz ein hygroskopisches Material ist, hängt die Benetzbarkeit mit Wasser von der Holzfeuchte ab. Eine geringe Holzfeuchte erschwert die Benetzbarkeit, was auf eine geringere Anzahl hydrophiler Hydroxylgruppen zurückgeführt werden könnte (SCHEIKL UND DUNKY, 1998). SCHEIKL UND DUNKY (1998) konnten aber nur für einen Teil der von ihnen untersuchten Proben eine Korrelation zwischen Kontaktwinkel und Holzfeuchte nachweisen. Ein weiterer Grund für die geringeren Kontaktwinkel könnte der Verhornungseffekt sein. Der Verhornungseffekt ist seit langem in der Papier- und Zellstoffforschung bekannt (SCHWALBE, 1921, HUNDHAUSEN *et al.*, 2010) und wird als irreversible Veränderung von Zellstoff-Fasern durch Trocknung initial feuchter Zellstoffe mit maximal wassergequollenen mikroporösen Faserzellen beschrieben (WEIGERT, 2000). Folgen der Verhornung sind geringere Quellbarkeit, kleinere innere Oberfläche und schlechtere Reaktivität, bedingt durch teilweise irreversible Bildung von Wasserstoffbrückenbindungen durch Trocknung (WEIGERT, 2000). Die Behandlung mit organofunktionellen Silanen kann den Verhornungseffekt demnach nicht verhindern. Allgemein werden die größeren Kontaktwinkel nach der Behandlung mit organofunktionellen Silanen der hydrophobierenden Wirkung der Silane zugeschrieben (AASERUD ET AL., 2009). MANTUANA UND BALATINECZ (1998) berichten über von 40° auf über 70° erhöhte Kontaktwinkel von Glycerol auf mit organofunktionellen Silanen behandelten Furnieren. Die Kontaktwinkel werden von ihnen zur Bestätigung einer XPS-Analyse herangezogen, nach der durch die Behandlung das Sauerstoff/Kohlenstoff-Verhältnis an der Oberfläche verringert wird, was zu einer geringeren Oberflächenaktivität führt. FOLLRICH *et al.* (2006) berichten von stark erhöhten Kontaktwinkel bereits nach 5-minütiger Hitzebehandlung (200°C) von Holzoberflächen. Eine Ursache wird nicht genannt, die Autoren weisen lediglich darauf hin, dass Lignin bei Temperaturen über 160°C plastifiziert und so die hydrophilen Eigenschaften von Holz beeinflusst. Es wird auch nicht berichtet, welche Temperatur die Oberfläche während der Behandlung tatsächlich erreicht.

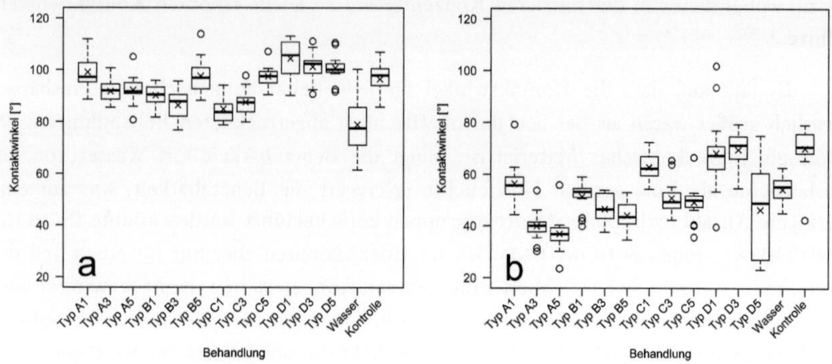

Abbildung 8: Kontaktwinkel auf oberflächlich behandelten Buchenlamellen, mit (a) und ohne (b) Aushärtung der verwendeten Silane (n=15). Die Kontrolle in (a) wurde nach dem Hobeln wie die behandelten Proben im Trockenschrank auf 103°C erhitzt, während die Kontrolle in (b) frisch gehobelt wurde.

3.1.5 Physikalisch-technologische Untersuchungen

3.1.5.1 Härte

Die Härte der Prüfkörper war erwartungsgemäß unterschiedlich je nach anatomischer Richtung. In longitudinaler Richtung ist die Härte deutlich höher als in radialer oder tangentialer Richtung. In radialer Richtung zeigen die silanbehandelten Prüfkörper und die wasserbehandelten Referenzen eine signifikant höhere Härte als die Kontrollen (Abb. 9a). In longitudinaler Richtung haben die silanbehandelten Prüfkörper eine signifikant höhere Härte als die wasserbehandelten Prüfkörper und die Kontrollen (Abb. 9c). Weniger eindeutig ist das Ergebnis in tangentialer Richtung (Abb. 9b). Dort nimmt die Wasserbehandlung eine Zwischenstellung ein. Sie ist weder zur Kontrolle, noch zu den Behandlungen mit Typ C8* und Typ D8* signifikant verschieden. Alle Silanbehandlungen sind jedoch signifikant härter als die Kontrolle. Die Unterschiede sind dabei aufgrund der geringen Streuung der Messwerte signifikant, trotzdem kann nur von einer leichten Erhöhung der Härte gesprochen werden.

Die erhöhte Härte beruht wahrscheinlich auf der Kondensation der Silane zu einem Polysiloxannetzwerk. Aufgrund der Molekülgröße der verwendeten Silane kann nicht von einer Eindringung in die Zellwand ausgegangen werden. Die Poren der Zellwand sind 2-4 nm groß (HILL UND PAPADOPOULOS, 2001, TARKOW *et al.*, 1966). DONATH (2004) konnte zeigen, dass vorhydrolysierte Silansystem, wie sie auch für diese Arbeit verwendet wurden, nicht in die Zellwand eindringen, sondern das Lumen und die Markstrahlen füllen. Die Erhöhung der Härte wird daher eher auf eine oberflächige Schicht auskondensierten Silans zurückzuführen sein.

DONATH (2004) hat eine leichte Erhöhung der Härte (Brinell) nach Behandlung mit vorhydrolysierten Silanen festgestellt, nicht aber bei Behandlung mit monomeren Silanen. Von den in dieser Arbeit untersuchten Silanen hat er lediglich Silan Typ D unverdünnt (60% Wirkstoffgehalt) untersucht. Da dieses Silan ein sehr teures Produkt ist, sollte hier untersucht werden, ob auch geringere Konzentrationen ausreichen, um die Härte deutlich zu erhöhen. DONATH (2004) beobachtete bei Buche eine Erhöhung der Härte von 25 N/mm² (unbehandelt) auf ca. 36 N/mm² bei Behandlung mit Silan Typ D60* in radialer Richtung. Er führt dies auf die Füllung der Zelllumina zurück.

GHOSH (2009) konnte keinen Einfluss einer Behandlung mit verschiedenen Silikonemulsionen auf die Härte (Brinell) feststellen. Auch WEIGENAND (2006) konnte nach Behandlung mit einem aminofunktionellen Polysiloxan keine Veränderung der Härte (Janka) feststellen. Eine deutlich höhere Härte konnte er nach Behandlung mit Polyhydrogenmethylsiloxan feststellen, was er auf dessen hohe Vernetzungsfähigkeit zurückführt. Er vermutet dabei überwiegend die Füllung der Lumina und der Markstrahlen und erwartet keine Vernetzung mit der Zellwand.

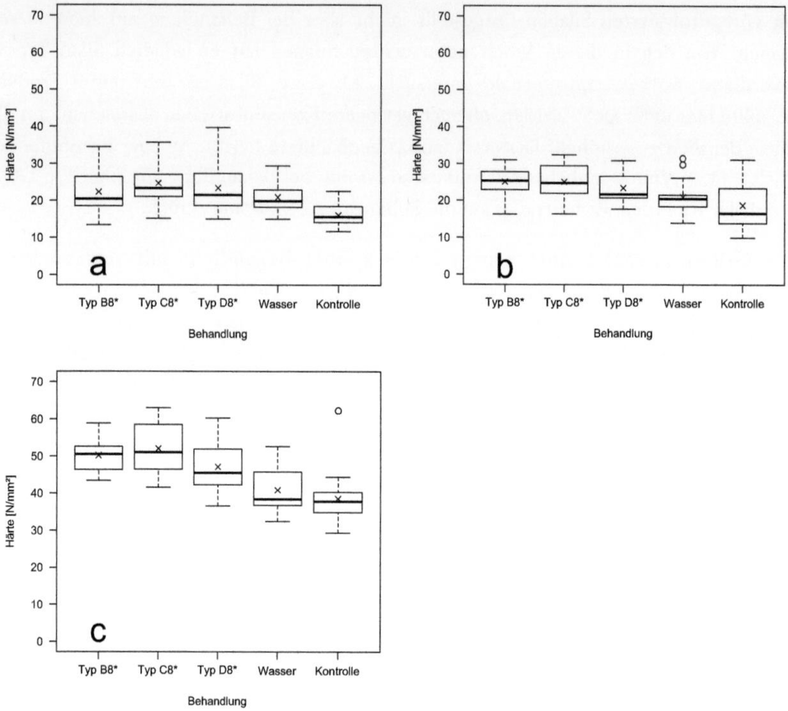

Abbildung 9: Härte (Brinell) behandelter Prüfköper in radialer (a), tangentialer (b) und longitudinaler (c) Richtung (n=20).

3.1.5.2 Verklebbarkeit

Das ift Rosenheim (ANONYMUS, 2008) berichtete von einer stark verschlechterten Verklebbarkeit von mit Silan Typ D behandelten Kiefernlamellen. Daher sollte mit diesem Versuch untersucht werden, ob sich die Silane A, B und C als Haftvermittler eignen. Laut Herstellerangaben können die untersuchten Silane als Haftvermittler zwischen organischen und anorganischen Substanzen verwendet werden. Die aufgetragene Menge an Silan lag bei etwa 50 g/m².

Bei der Verleimung von Lamellen mit EPI kann sowohl zwischen einer Vorbehandlung mit Silan Typ D5* und der Kontrolle als auch zwischen den verschiedenen Haftvermittlern kein Unterschied festgestellt werden. Damit kann weder eine haftvermittelnde Wirkung der Silane A, B und C, noch eine verschlechterte Verleimbarkeit nach Behandlung mit Silan D für die Verwendung von EPI nachgewiesen werden. Nach Lagerungsfolge 1 erreichen alle Varianten noch die Vorgabe der DIN EN 12765 an die Zugscherfestigkeit, nach den Lagerungsfolgen 2 und 3 werden die Vorgaben von keiner Variante erreicht.

Nach Lagerungsfolge 1 (trocken, klimatisiert, Abb. 10) sind keine signifikanten Unterschiede zwischen den oberflächig mit den Silanen A, B und C behandelten Proben und der Kontrolle zu beobachten. Auch die Volltränkung mit Silan D hat keinen erkennbaren Einfluss auf die Festigkeit der Leimfuge.

Nach Lagerungsfolge 2 (24h Wasserlagerung, Abb. 11) sind ebenfalls keine signifikanten Unterschiede zwischen oberflächig silanbehandelten Proben und der Kontrolle erkennbar. Hier sind jedoch tendenziell höhere Festigkeiten bei den mit Silan D vorbehandelten Proben zu erkennen. Dies könnte auf die hydrophobierende Wirkung von Silan Typ D und der dadurch geringeren Belastung der Klebefuge durch Quellung zurückzuführen sein. Das eine Vorbehandlung mit Silan Typ D nach Aushärtung hydrophobierend wirken kann, wurde anhand der Kontaktwinkelmessung (Kap. 3.1.4) gezeigt.

Nach Lagerungsfolge 3 (gekocht, Abb. 12) können keine tendenziell höheren Festigkeiten durch Vorbehandlung mit Silan D erkannt werden. Bei den mit Silan D vorbehandelten Varianten zeigen die oberflächig mit den Silanen A und C behandelten Proben signifikant höhere Festigkeiten als die ohne Haftvermittler verleimten Proben. Oberflächig mit Silan B behandelte Proben zeigen tendenziell höhere Festigkeiten als die Kontrolle. Die hydrophobierende Wirkung von Silan D, die für die tendenziell höheren Festigkeiten nach Lagerungsfolge 2 verantwortlich sein könnte, ist scheinbar nicht dauerhaft. Dies wurde bereits von DONATH (2004) nach wechselnden Befeuchtungen beobachtet.

Der sehr hohe Holzbruchanteil nach Lagerungsfolge 1 zeigt, dass der Schwachpunkt hier eher das Holz ist. Dabei fällt auf, dass der Holzbruchanteil der nicht vorbehandelten Variante tendenziell geringer ist, als bei der vorbehandelten Variante. Dies deutet darauf hin, dass die Verklebbarkeit durch eine Vorbehandlung mit Silan Typ D, im Gegensatz zur Beobachtung des ift Rosenheim (ANONYMUS, 2008), nicht verschlechtert wird. Nach den Lagerungsfolgen 2 und 3 sinkt der Holzbruchanteil nahezu auf 0. Der Verbund zwischen Holz und Klebstoff ist also nur noch sehr schwach ausgeprägt. Ein Hinweis auf eine verschlechterte Verleimbarkeit nach Behandlung mit Silan D kann daraus aber nicht gezogen werden. Dies konnte aufgrund kaum veränderter Kontaktwinkel (Kap. 3.1.4) nach oberflächiger Silanbehandlung gegenüber der Kontrolle erwartet werden.

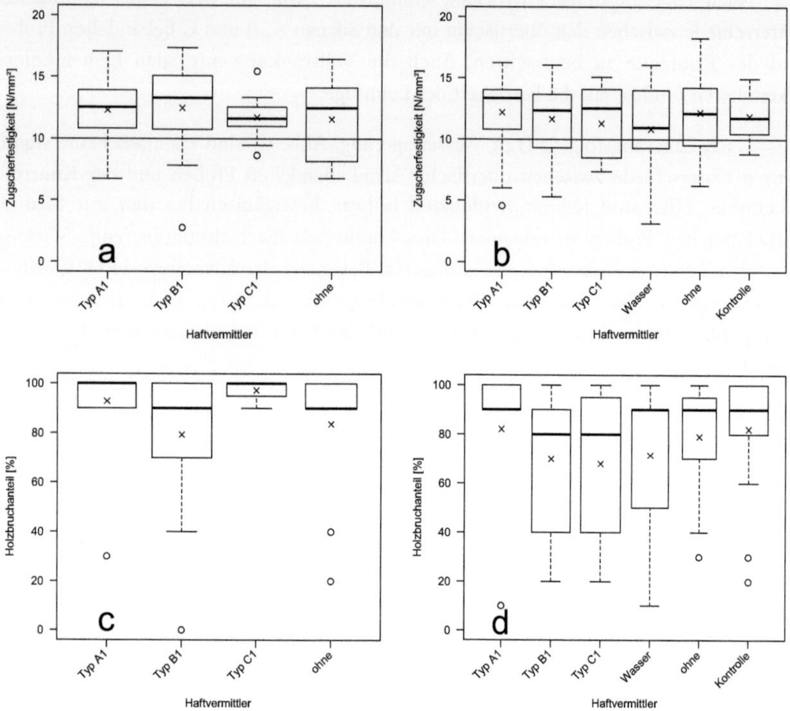

Abbildung 10: Einfluss des Haftvermittlers auf die Zugscherfestigkeit mit (a) und ohne (b) Vorbehandlung mit Silan Typ D5 nach Lagerungsfolge 1 (trocken), verleimt mit EPI, und entsprechendem Holzbruchanteil (c, d). Die durchgehende Linie in den Grafiken stellt die Anforderung nach DIN EN 12765 dar.*

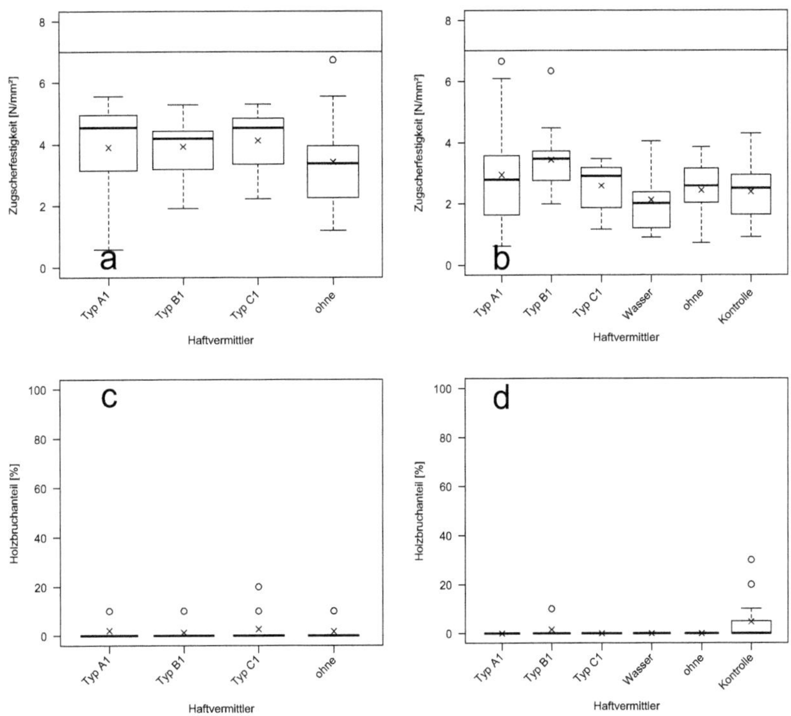

Abbildung 11: Einfluss des Haftvermittlers auf die Zugscherfestigkeit mit (a) und ohne (b) Vorbehandlung mit Silan Typ D5 nach Lagerungsfolge 2 (nass), verleimt mit EPI, und entsprechendem Holzbruchanteil (c, d). Die durchgehende Linie in den Grafiken stellt die Anforderung nach DIN EN 12765 dar.*

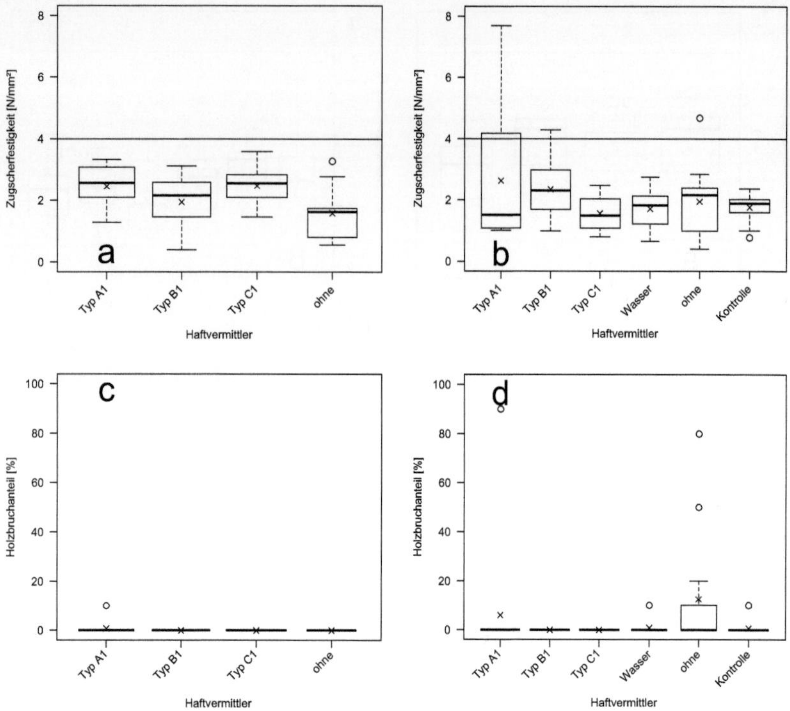

Abbildung 12: Einfluss des Haftvermittlers auf die Zugscherfestigkeit mit (a) und ohne (b) Vorbehandlung mit Silan Typ D5 nach Lagerungsfolge 3 (gekocht), verleimt mit EPI, und entsprechendem Holzbruchanteil (c, d). Die durchgehende Linie in den Grafiken stellt die Anforderung nach DIN EN 12765 dar.*

Bei der Verleimung mit PUR sind nach Lagerungsfolge 1 (Abb. 13) bei den nicht vorbehandelten Varianten tendenziell höhere Zugscherfestigkeiten zu beobachten, als an den vorbehandelten Varianten. Während alle nicht vorbehandelten Varianten die Festigkeitswerte nach EN 12765 erreichen, erreichen die vorbehandelten und mit Silan B oberflächig behandelten Proben den Normwert nicht. Bei den vorbehandelten wie auch den nicht vorbehandelten Proben sind keine signifikanten Unterschiede zwischen der oberflächigen Behandlung mit den Silanen A, B und C und der Kontrolle zu beobachten. Tendenziell zeigt PUR über alle Lagerungsfolgen höhere Festigkeiten als EPI und PVAc.

Nach Lagerungsfolge 2 (Abb. 14) sind dagegen bei den mit Silan D vorbehandelten Proben tendenziell höhere Festigkeiten zu beobachten als bei den nicht vorbehandelten. Dies könnte auch hier auf der hydrophobierenden Wirkung einer Behandlung mit Silan D beruhen. Bei den vorbehandelten Proben haben die oberflächig mit Silan C behandelten und die oberflächig nicht behandelten Proben signifikant höhere Festigkeiten als die oberflächig mit den Silanen A und B behandelten Proben. Nur die mit Silan C oberflächig behandelten Proben erfüllen die nach Norm geforderten Festigkeitswerte. Bei den nicht vorbehandelten Varianten haben die oberflächig mit Silan behandelten Proben und die oberflächig nicht behandelten Proben tendenziell Festigkeiten als die Kontrolle. Vor der Verleimung oberflächig mit Wasser behandelte Proben haben signifikant höhere Festigkeiten als die Kontrolle. Alle nicht vorbehandelten Proben erfüllen die Normvorgabe jedoch nicht.

Nach Lagerungsfolge 3 (Abb. 15) können keine signifikanten Unterschiede zwischen den vorgetränkten Varianten beobachtet werden. Die oberflächig mit Silan C behandelten Proben erfüllen dabei die Normvorgabe an die Festigkeit nicht. Bei den nicht vorgetränkten Varianten erfüllen die oberflächig mit Silan A und Wasser behandelten Proben die Normvorgabe. Die oberflächig mit Silan B und die nicht oberflächig behandelten, erhitzten Proben haben tendenziell geringere Festigkeiten als die Kontrolle. Dass die Holzfeuchtigkeit keinen Einfluss auf die Verklebung mit PUR hat, konnten STERLEY *et al.* (2009) zeigen. Auch Holz mit einer Feuchtigkeit von 110% liess sich gut mit PUR verleimen.

Ähnlich wie bei EPI liegt der Holzbruchanteil nach Lagerungsfolge 1 noch sehr hoch, nach Lagerungsfolge 3 aber auch hier bei nahezu 0. Im Unterschied zu EPI liegt der Holzbruchanteil nach Lagerungsfolge 2 noch etwas höher, wobei der Holzbruchanteil der nicht vorbehandelten Varianten etwas niedriger liegt als der der vorbehandelten Varianten. Wie auch bei der Verleimung mit EPI fällt hier auf, dass der Holzbruchanteil der nicht vorbehandelten Varianten nach Lagerungsfolge 1 tendenziell geringer ausfällt als bei den vorbehandelten Varianten.

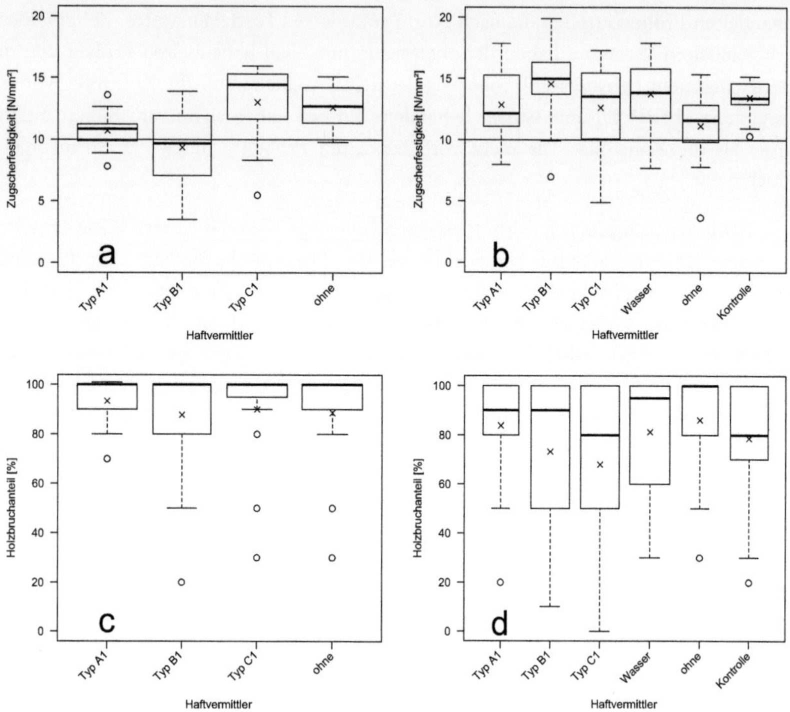

Abbildung 13: Einfluss des Haftvermittlers auf die Zugscherfestigkeit mit (a) und ohne (b) Vorbehandlung mit Silan Typ D5 nach Lagerungsfolge 1 (trocken), verleimt mit PUR, und entsprechendem Holzbruchanteil (c, d). Die durchgehende Linie in den Grafiken stellt die Anforderung nach DIN EN 12765 dar.*

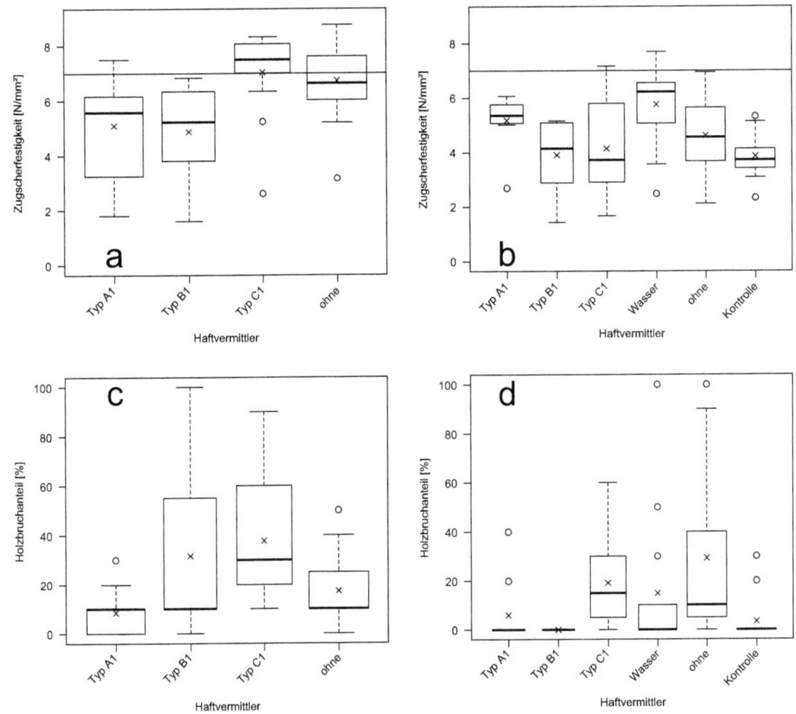

Abbildung 14: Einfluss des Haftvermittlers auf die Zugscherfestigkeit mit (a) und ohne (b) Vorbehandlung mit Silan Typ D5 nach Lagerungsfolge 2 (nass), verleimt mit PUR, und entsprechendem Holzbruchanteil (c, d). Die durchgehende Linie in den Grafiken stellt die Anforderung nach DIN EN 12765 dar.*

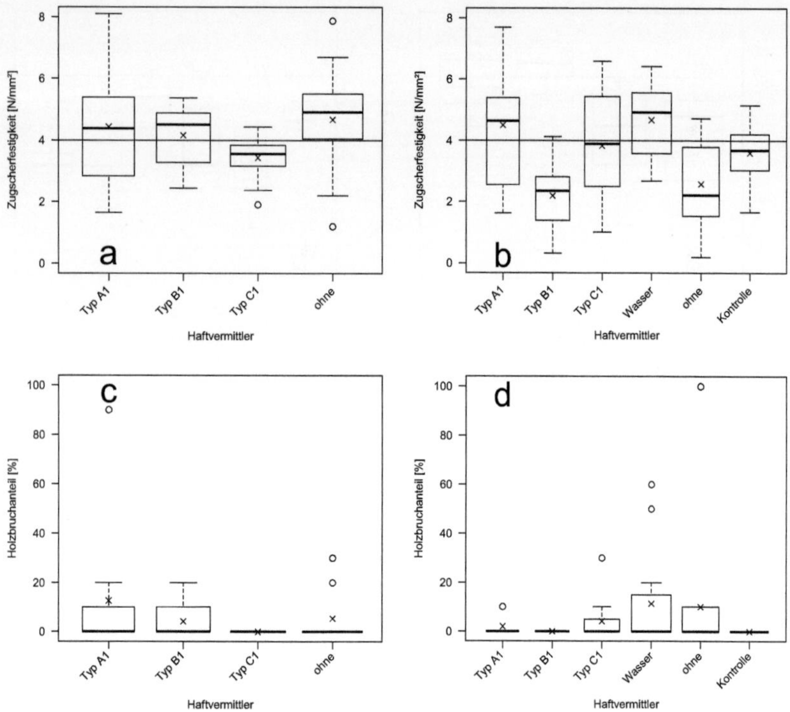

Abbildung 15: Einfluss des Haftvermittlers auf die Zugscherfestigkeit mit (a) und ohne (b) Vorbehandlung mit Silan Typ D5 nach Lagerungsfolge 3 (gekocht), verleimt mit PUR, und entsprechendem Holzbruchanteil (c, d). Die durchgehende Linie in den Grafiken stellt die Anforderung nach DIN EN 12765 dar.*

Bei der Verklebung mit PVAc zeigen sich deutliche Unterschiede zu den anderen Klebern. Die Zugscherfestigkeit der nicht vorbehandelten Varianten liegt nach allen Lagerungsfolgen tendenziell höher als bei den vorbehandelten Varianten. Die oberflächige Silanbehandlung führt nicht zu signifikant veränderten Festigkeiten.

Die Oberflächenbehandlung mit Silan B1 führt nach Lagerungsfolge 1 (Abb. 16) zu tendenziell niedrigeren Festigkeiten, sowohl bei den vorbehandelten wie auch den nicht vorbehandelten Proben. Die vorbehandelten Proben erreichen dabei nicht die Normanforderung an die Festigkeit. Alle übrigen Varianten erfüllen die Anforderung der Norm an die Festigkeit. Die Holzbruchanteile liegen bei fast allen Varianten sehr hoch. Im Unterschied zu EPI und PUR liegen die Holzbruchanteile dabei bei den nicht vorbehandelten Proben höher als bei den vorbehandelten Proben. Signifikant geringere Holzbruchanteile zeigen die vorbehandelten Proben, die oberflächig mit den Silanen B1 und C1 behandelt wurden. PVAc zeigt tendenziell geringere Festigkeiten als EPI und PUR.

Nach Lagerungsfolge 2 (Abb. 17) wurden bei den vorbehandelten Proben geringere Festigkeiten als bei den nicht vorbehandelten Proben festgestellt. Alle Varianten erfüllen die Anforderungen an die Festigkeit nicht. Auch die Holzbruchanteile liegen bei den vorbehandelten Proben niedriger als bei den nicht vorbehandelten Proben. Die oberflächige Silanbehandlung führt bei allen Varianten zu keinen veränderten Festigkeiten im Vergleich zur jeweiligen Kontrolle. Es fällt auf, dass die nicht vorbehandelten und oberflächig mit Wasser behandelten Proben deutlich höhere Holzbruchanteile und tendenziell höhere Festigkeiten haben, als alle anderen Varianten.

Auch nach Lagerungsfolge 3 (Abb. 18) zeigen die vorbehandelten Proben geringere Festigkeiten als die nicht vorbehandelten Proben. Die oberflächige Silanbehandlung führt bei allen Varianten ebenfalls nicht zu Unterschieden zu den jeweiligen Kontrollen. Es wurden keine Unterschiede bei den Holzbruchanteilen festgestellt. Keine Variante erfüllt die Anforderungen der Norm an die Festigkeit.

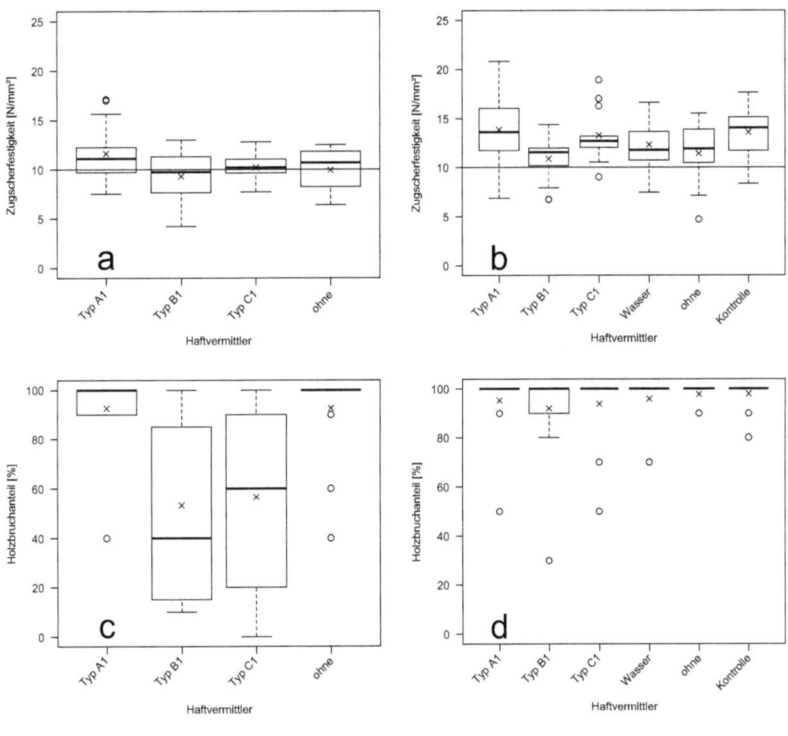

Abbildung 16: Einfluss des Haftvermittlers auf die Zugscherfestigkeit mit (a) und ohne (b) Vorbehandlung mit Silan Typ D5 nach Lagerungsfolge 1 (trocken), verleimt mit PVAc, und entsprechendem Holzbruchanteil (c, d). Die durchgehende Linie in den Grafiken stellt die Anforderung nach DIN EN 12765 dar.*

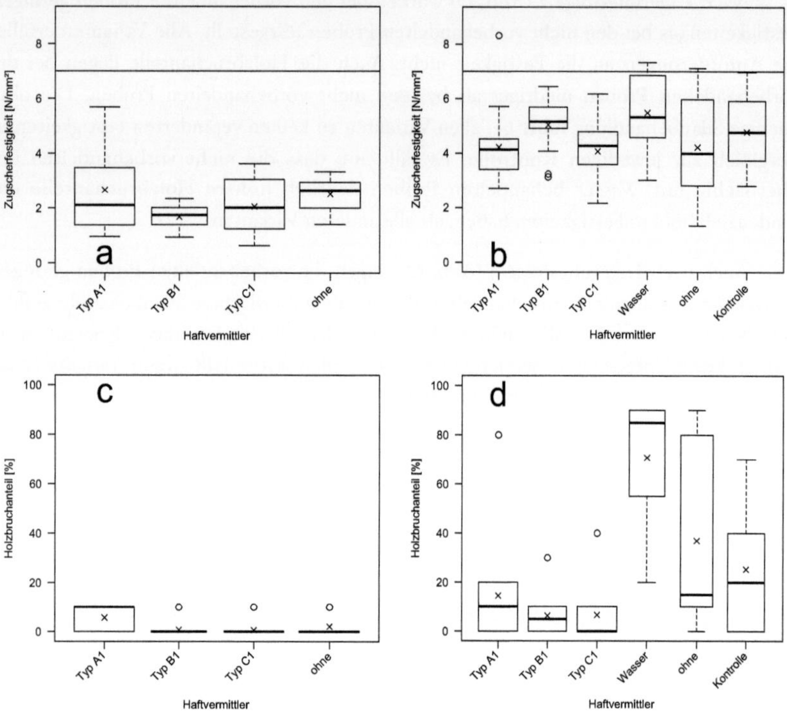

Abbildung 17: Einfluss des Haftvermittlers auf die Zugscherfestigkeit mit (a) und ohne (b) Vorbehandlung mit Silan Typ D5 nach Lagerungsfolge 2 (nass), verleimt mit PAVc, und entsprechendem Holzbruchanteil (c, d). Die durchgehende Linie in den Grafiken stellt die Anforderung nach DIN EN 12765 dar.*

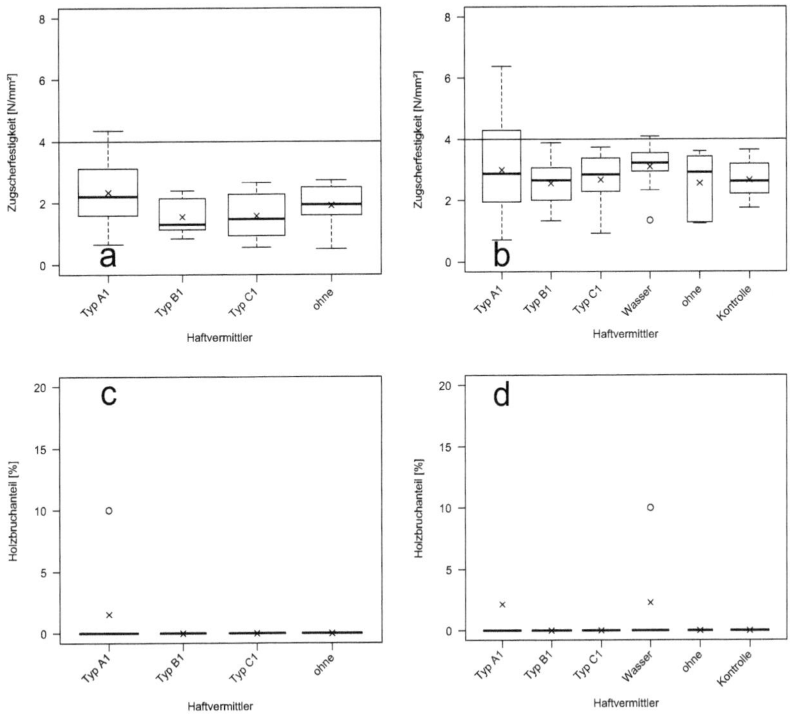

Abbildung 18: Einfluss des Haftvermittlers auf die Zugscherfestigkeit mit (a) und ohne (b) Vorbehandlung mit Silan Typ D5 nach Lagerungsfolge 3 (gekocht), verleimt mit PVAc, und entsprechendem Holzbruchanteil (c, d). Die durchgehende Linie in den Grafiken stellt die Anforderung nach DIN EN 12765 dar.*

Da im Weiteren noch MUPF-gebundene Spanplatten aus silanbehandelten Spänen untersucht werden sollten, sollte mit diesem Versuch vorab geklärt werden, ob die Silanbehandlung einen Einfluss auf die Klebeeigenschaften von MUPF hat. Dabei zeigt sich, dass die vor der Verleimung zum Vorcuring der Silane auf 103°C erhitzten Proben im Mittel eine geringere Zugscherfestigkeit haben, als die nicht erhitzten. Dies gilt für alle Lagerungsfolgen (Abb. 19-21). Der Grund hierfür könnte im geringeren Flächenauftrag der Silane auf den gecurten Proben liegen (im Mittel etwa 25 g/m² gegenüber 58 g/m² bei den nicht gecurten Proben). Nach Herstellerangaben sind die Silane auch als Haftvermittler zwischen organischen und anorganischen Oberflächen einsetzbar. Daher könnte ein geringerer Silanauftrag zu geringeren Festigkeiten führen. Es lag nicht in der Zielsetzung des Versuchs, unterschiedliche Mengen an Silan aufzutragen. Dies ist eher dem Umstand zuzuschreiben, dass der Silanauftrag durch verschiedene Personen durchgeführt wurde. Der Klebstoffauftrag ist dagegen bei allen Varianten vergleichbar. In beiden

Varianten zeigt sich keine nachweisbare Veränderung der Zugscherfestigkeit durch die Behandlung mit einem Silan als Haftvermittler. Interessant ist, dass eine Vorbehandlung der Oberfläche mit Wasser überwiegend die höchste Zugscherfestigkeit zeigt, die ohne Curing in allen Lagerungsfolgen signifikant höher ist als bei der Kontrolle. Unter den Silanen zeigt Typ D durchweg die höchsten Zugscherfestigkeiten, die mit zunehmender Konzentration abnehmen. Als Tendenz ist auch für die anderen Silane zu erkennen, dass die Festigkeit der Verklebung mit zunehmender Konzentration abnimmt. Diese Beobachtung lässt sich allerdings nicht statistisch absichern. Während nach Lagerungsfolge 1 kein Unterschied zwischen den Silanbehandlungen und der Kontrolle nachweisbar ist, so ist nach Lagerungsfolge 2 erkennbar, dass die Zugscherfestigkeiten nach einer oberflächigen Silanbehandlung tendenziell geringer ausfallen als bei der Kontrolle. Aufgrund der Prüfkörperausfälle kann keine Aussage über den Erfolg einer Silanbehandlung nach Lagerungsfolge 3 gemacht werden.

Die Belastung der Klebfuge durch Wassereinfluss schlägt sich nicht nur in der Reduktion der Zugscherfestigkeit nieder, sondern auch in der Anzahl der Prüfkörper, die die Lagerungsfolgen überstehen. Während nach Lagerungsfolge 1 (trocken) der gecurten Variante nur bei den Behandlungen B5 und D5 jeweils ein Prüfkörper ausgefallen ist, haben nur die Behandlungen B1, B2 und die Kontrolle die Lagerungsfolge 2 (nass) ohne Prüfkörperausfall überstanden. Von der Behandlung B5 überstand nur ein und von Behandlung D5 kein Prüfkörper diese Lagerungsfolge. Nach Lagerungsfolge 3 (gekocht) konnten nur noch von den Behandlungen B1 und C (in allen Konzentrationen) Prüfkörper getestet werden. Bei der Variante mit nicht vorgecurten Silanen ist nur jeweils 1 Prüfkörper bei Behandlung C5 nach den Lagerungsfolge 1 und 2 und bei Wasserbehandlung nach Lagerungsfolge 2 ausgefallen. Nach Lagerungsfolge 3 sind nur die Behandlungen B5 und C (in allen Konzentrationen) komplett ausgefallen.

Es fällt auf, dass der Holzbruchanteil einer sehr starken Streuung unterliegt. Tendenziell kann aber erkannt werden, dass analog zu den abnehmenden Festigkeiten auch der Holzbruchanteil mit zunehmender Silankonzentration abnimmt.

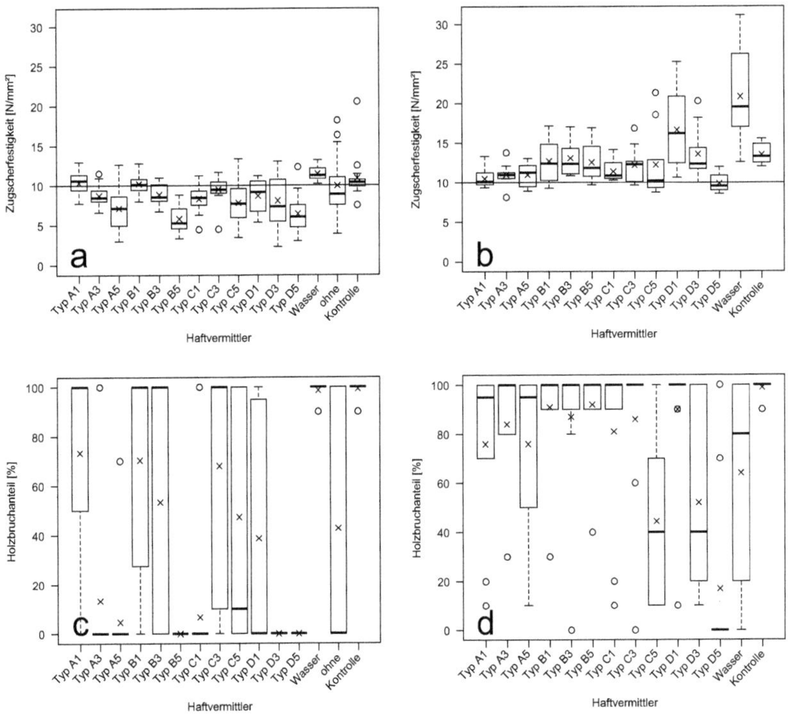

Abbildung 19: Einfluss des Haftvermittlers auf die Zugscherfestigkeit mit (a) und ohne (b) Curing des Haftvermittlers nach Lagerungsfolge 1 (trocken), verleimt mit MUPF, und entsprechendem Holzbruchanteil (c, d). Die durchgehende Linie in den Grafiken stellt die Anforderung nach DIN EN 12765 dar.

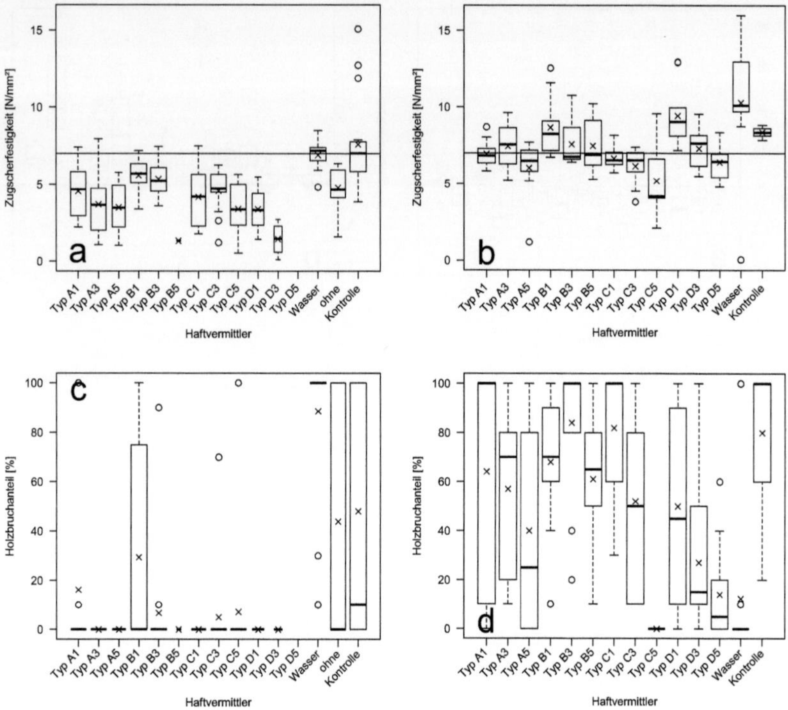

Abbildung 20: Einfluss des Haftvermittlers auf die Zugscherfestigkeit mit (a) und ohne (b) Curing des Haftvermittlers nach Lagerungsfolge 2 (nass), verleimt mit MUPF, und entsprechendem Holzbruchanteil (c, d). Die durchgehende Linie in den Grafiken stellt die Anforderung nach DIN EN 12765 dar.

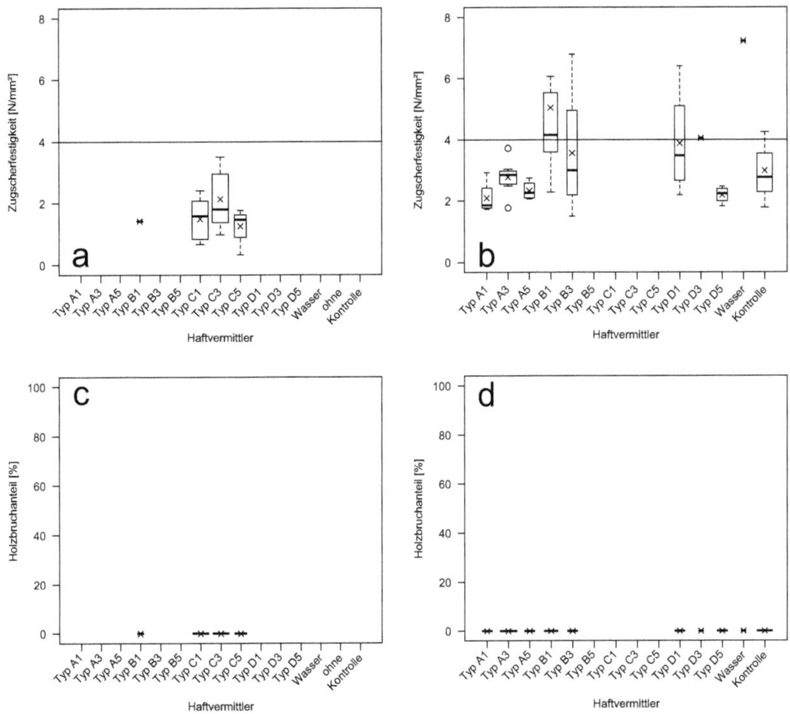

Abbildung 21: Einfluss des Haftvermittlers auf die Zugscherfestigkeit mit (a) und ohne (b) Curing des Haftvermittlers nach Lagerungsfolge 3 (gekocht), verleimt mit MUPF, und entsprechendem Holzbruchanteil (c, d). Die durchgehende Linie in den Grafiken stellt die Anforderung nach DIN EN 12765 dar. Bei nicht dargestellten Behandlungen sind alle Prüfkörper bei der Kochung zerfallen.

Insgesamt kann keine generell haftvermittlende Wirkung der untersuchten Silane nachgewiesen werden. An vorbehandelten, mit EPI verklebten Proben ist eine Tendenz zur haftvermittelnden Wirkung gegenüber der Kontrolle zu erkennen. Bei vorbehandelten Proben, die mit PUR verklebt wurden, zeigt nur Silan C1 tendenziell haftvermittelnde Wirkung. Dagegen zeigt sich, dass die Verklebung nicht vorbehandelter Proben mit PVAc tendenziell besser ausfällt als bei den vorbehandelten Proben. Haftvermittelnde Wirkung der oberflächig aufgetragenen Silane konnte nicht beobachtet werden. PVAc ist ein wasserbasierter, physikalisch abbindender Klebstoff. Damit kann erklärt werden, dass Silane als chemische Haftvermittler bei PVAc nicht wirken. Hydrophobierende Eigenschaften führen darüber hinaus zu verschlechterter Haftung. Dies könnte die durchweg geringeren Festigkeiten der mit Silan D5 vorbehandelten Proben erklären. SCHMID (2008) berichtet, dass PVAc im Vergleich zu EPI, PUR und Melaminklebstoffen die ungünstigsten Ergebnisse bei Verklebung modifizierten Holzes (Thermoholz, Acetylierung, DMDHEU, Melamin) zeigte. Die günstigsten Ergebnisse konnte er bei PUR beobachten. Dies entspricht den hier beobachteten Tendenzen.

Bei EPI und PUR ist kein Unterschied zwischen den nicht vorbehandelten Proben und der Kontrolle erkennbar. Das ift Rosenheim (ANONYMUS, 2008) berichtete über eine leicht eingeschränkte Verklebbarkeit vorbehandelter Proben mit EPI und PUR und eine sehr stark eingeschränkte Verklebbarkeit mit PVAc. Diese Beobachtung kann anhand der vorliegenden Ergebnisse nicht bestätigt werden. Lediglich bei PVAc ist eine etwas geringere Festigkeit aufgrund der Silanvorbehandlung zu beobachten gewesen. Alle vorbehandelten Proben wurden im gleichen Prozess getränkt. Daher kann kein abweichendes WPG (4,9%±0,6%) für die unterschiedlichen Festigkeiten verantwortlich sein.

Trotz hydrophobierende Wirkung einer Silanbehandlung beurteilen MANTUANA UND BALATINECZ (1998) aminofunktionelle Silane als gute Haftvermittler zwischen Holz und PVC, was auf eine erhöhte Oberflächenenergie zurückgeführt wird. Dichlor-Diethylsilan reduziert dagegen die Oberflächenenergie, was zu geringeren Festigkeiten von Verklebungen führt. RAFTERY *et al.* (2006) konnten dagegen bei allen untersuchten Bindemitteln keine veränderten Festigkeiten durch Auftrag eines silanbasierten Haftvermittlers auf Sitka-Holz beobachten. Als Bindemittel wurden von ihnen Phenol-Resorcinol-Formaldehyd, MUF, PUR, EPI und Epoxy eingesetzt. Die von ihnen beobachteten Festigkeiten wie auch die Holzbruchanteile sind ungefähr vergleichbar mit den vorliegenden Ergebnissen, trotz Verwendung von Sitka- statt Buchenholz.

KURT *et al.* (2008) haben Hydroxymethyl-Resorcinol (HMR) als Haftvermittler auf mit Silikon behandeltem und mit PVAc verklebten Holz eingesetzt. Sie berichten, dass die Silikonbehandlung die Verleimbarkeit nicht verschlechtert, was sie auf ein Abschleifen der Oberfläche und damit der Entfernung der Silikonschicht vor der Verklebung zurückführen. Durch Auftragen von Hydroxymethyl-Resorcinol wird die Zugscherfestigkeit bei im nassen Zustand getesteten Proben deutlich erhöht, nicht jedoch bei trocken getesteten Proben. Dieser Effekt kann aber auch in einer dimensionsstabilisierenden Wirkung des Holzes durch HMR und dadurch weniger Stress auf der Leimfuge begründet liegen, wie GARDNER *et al.* (2005) sowie SUN UND FRAZIER (2005) berichten. Grundsätzlich ist HMR aber als Haftvermittler mit breitem Anwendungsbereich bekannt (GARDNER *et al.*, 2005).

LARSSON *et al.* (1992) führen die an acetyliertem Holz ebenfalls beobachtete schlechtere Verleimbarkeit auf eine verringerte Oberflächenenergie zurück. Diese beruht auf dem Austausch polarer Hydroxylgruppen durch weniger polare Acetylgruppen, was die Benetzbarkeit mir wasserbasierten Leimsystemen verschlechtert. Zusätzlich stehen damit für Leimsysteme, die Wasserstoffbrücken oder kovalente Bindungen zu OH-Gruppen bilden, weniger Anknüpfungspunkte zur Verfügung. Im Gegensatz zur Acetylierung ist die Behandlung von Holz mit Silanen keine chemische Modifizierung. Daher kann keine Verringerung der Anzahl an OH-Gruppen erwartet werden. Da auch die verwendeten Silane OH-Gruppen besitzen, ist eher von einer Erhöhung der Anzahl reaktiver OH-Gruppen auszugehen. Möglicherweise lässt sich eine verschlechterte Verklebbarkeit durch die Reaktion von OH-Gruppen der Silane mit dem Bindemittel erklären. Damit könnte das Bindemittel weniger Bindungen zu den OH-Gruppen des Holzes eingehen. Andererseits besitzen die verwendeten Silane bis zu 3 OH-Gruppen und könnten daher zwischen Bindemittel und Holz vernetzend wirken.

Der Einfluss der Oberflächenenergie auf die Verklebbarkeit kann aufgrund der vorliegenden Ergebnisse als nur gering eingeschätzt werden, da keine signifikanten Unterschiede der Zugscherfestigkeit zwischen vor der Verklebung frisch gehobelten und auf 103°C erhitzten und anschließend klimatisierten Oberflächen festgestellt werden konnten.

3.1.5.3 Beschichtbarkeit

Das wasserbasierte Acrylatsystem trocknete wesentlich schneller als das lösemittelbasierte Alkydsystem. Bereits nach 25 Minuten blieb die darauf fallen gelassene Wattekugel nicht mehr an der Beschichtung kleben (oberflächentrocken) und schon nach 40 Minuten liess sich die Wattekugel nach Aufdrücken restlos entfernen. Das Alkydsystem war erst nach 300 Minuten oberflächentrocken und nach 420 Minuten durchgetrocknet. Die Trockenzeiten wurden weder durch die Tränkung mit Silan Typ D5* noch durch den oberflächigen Auftrag der Silantypen A3*, B3* und C3* als Haftvermittler signifikant beeinflusst.

XIE *et al.* (2006) haben vergleichbare Trockenzeiten für die oberflächliche Trocknung des Acrylatsystems (Sikkens Cetol WF 780) auf mit DMDHEU behandeltem Kiefernholz ohne Haftvermittler gemessen, jedoch wesentlich längere Trocknungszeiten für das Alkydsystem (Sikkens Novatech 006) und die Trockenzeit bis zur Überarbeitbarkeit festgestellt. Dies kann an der aufgetragenen Menge der Beschichtung liegen. Die Auftragsmenge wird bei XIE *et al.* (2006) nicht dargestellt. Auch die Raumtemperatur und Belüftung können Einfluss auf die Trockenzeit haben.

Die Behandlung mit den Haftvermittlern zeigte zwar keine deutliche Erhöhung der Abhebefestigkeit, lässt aber, unabhängig vom Beschichtungssystem, eine positive Tendenz erkennen. Signifikant verbessert gegenüber der Kontrolle war die Abhebefestigkeit (trocken) beider Beschichtungssystem auf der kombinierten Behandlung mit der Volltränkung mit Silan D5* und den Silanen A3*, B3* und C3* als Haftvermittler (Abb. 22a). Silan C3* bewirkte dabei auch eine signifikante Erhöhung der Abhebefestigkeit gegenüber der nur vorbehandelten Variante, während Silan A3* nur eine tendenzielle Verbesserung bewirkte. Silan B3* als Haftvermittler nach Vorbehandlung mit Silan D5* führte zu signifikant höherer Abhebefestigkeit beim Alkydsystem und tendenzieller Erhöhung beim Acrylatsystem. Die Abhebefestigkeit im nassen Zustand war erwartungsgemäß niedriger als im trockenen Zustand. SNOOZE *et al.* (2009) weisen darauf hin, dass die Holzfeuchte 8% nicht überschreiten sollte, wenn besondere Ansprüche an die Haftfestigkeit von Beschichtungen gestellt werden. Sie konnten nachweisen, dass die Haftfestigkeit dreier untersuchter Beschichtungen bereits bei Erhöhung der Holzfeuchte von 8% auf 15% signifikant reduziert ist. Auch die Wasserdurchlässigkeit der Beschichtung kann die Abhebefestigkeit beeinflussen. AHOLA *et al.* (1999) haben für einige Acrylatbeschichtungen einen hohen Feuchtetransport nachgewiesen, während lösemittelbasierte Beschichtungen deutlich weniger Feuchte transportierten. Signifikant höhere Abhebefestigkeiten im nassen Test konnten nur für das Acrylatsystem bei Vorbehandlung mit Silan D5* und anschließendem Haftvermittlerauftrag mit den Silanen B3* und C3* nachgewiesen werden (Abb. 23a). Weder die Vortränkung mit Silan D5* ohne Auftrag eines Haftvermittlers, noch der Auftrag der Silane A3*, B3* und C3* auf nicht vorgetränkte Proben bewirkte signifikante Verbesserungen der Abhebefestigkeit gegenüber der Kontrolle.

Das Alkydsystem zeigte insgesamt tendenziell höhere Abhebefestigkeiten als das Acrylatsystem. Dies könnte auf eine tiefere Eindringung des Alkydsystems in die Holzmatrix zurückzuführen sein (RIJCKAERT *et al.*, 2001a). RIJCKAERT *et al.* (2001b) konnten jedoch ergänzend nachweisen, dass eine Optimierung der Eindringtiefe der Grundierung von untergeordneter Bedeutung für die Haftfestigkeit neuartiger Beschichtungen ist.

Während beim trockenen Abhebetest bei beiden Beschichtungssystemen ungefähr gleiche Holzbruchanteile auftraten (Abb. 22a), war der Holzbruchanteil beim nassen Abhebetest deutlich unterschiedlich (Abb. 23a). Der Holzbruchanteil des Acrylatsystems war beim nassen Test sehr niedrig. Dies ist darauf zurückzuführen, dass das Acrylatsystem wasserbasiert ist und daher unter Wassereinwirkung geschwächt wird. Der Holzbruchanteil des lösemittelbasierten Alkydsystems sinkt dagegen bei Wassereinwirkung nur wenig ab.

XIE *et al.* (2007) berichten über deutlich erhöhte Nassabhebefestigkeiten von Cetol WF 780 und Novatech 006 durch Behandlung des Holzes mit mDMDHEU. Für zwei weitere Acrylatsysteme konnten tendenziell höhere Nassabhebefestigkeiten beobachtet werden. Sie führen die höheren Abhebefestigkeiten auf eine höhere Anzahl Hydroxylgruppen an der Holzoberfläche zurück, wodurch eine verbesserte Interaktion zwischen Holz und Beschichtung erreicht werden kann. Auch eine geringere Quellung des Holzes durch Wassereinwirkung aufgrund der Behandlung kann zu einer geringeren Belastung des Holz-Beschichtungs-Verbundes und damit zu einer besseren Haftung führen.

WEIGENAND (2006) berichtet dagegen von einer stark verschlechterten Lackhaftung auf silikonbehandeltem Kiefernholzes bei Verwendung von Acrylatsystemen (Sikkens Cetol WF 760/006, Sikkens Rubbol WF 350), während das Alkydsystem Sikkens Novatech 006 eine sehr gute Haftung zeigt. Die deutlich bessere Haftung des Alkydsystems führt er auf die deutlich tiefere Eindringung des Anstrichsystems in die Holzmatrix zurück (DE MEIJER *et al.*, 2001). Im vorliegenden Versuch konnten keine höheren Abhebefestigkeiten bei Verwendung des Alkydsystems gegenüber dem Acrylatsystem festgestellt werden. WEIGENAND (2006) berichtet über eine starke Hydrophobierung des

Holzes aufgrund der Behandlung mit Silikonemulsionen. Dies könnte der Grund für die schlechte Lackhaftung des wasserbasierten Acrylatsystems sein. Durch die Silanbehandlung ist die Benetzbarkeit mit Wasser nicht verschlechtert worden (s. Kap. 3.1.4 Kontaktwinkel). Dadurch lässt sich die bessere Haftung des wasserbasierten Acrylatlacks auf dem silanbehandelten Holz erklären. Eine hydrophobierte Holzoberfläche führt nicht generell zu schlechterer Lackhaftung. JÄMSÄ *et al.* (2000) berichten über eine gute Haftung von verschiedenen Beschichtungssystemen auf Thermoholz, auch nach 5 Jahren Aussenbewitterung. YALINKILIC *et al.* (1999) empfehlen allgemein eine oberflächige Reinigung der zu beschichteten Proben nach Imprägnierung, um eine festere Haftung der Beschichtung auf dem Holz zu erreichen.

Der Holzbruchanteil war im nassen Zustand (Abb. 23c und d) erwartungsgemäß deutlich geringer als im trockenen Zustand (Abb. 22c und d). Auch die sehr geringen Holzbruchanteile des wasserbasierten Systems im nassen Zustand entsprechen den Erwartungen.

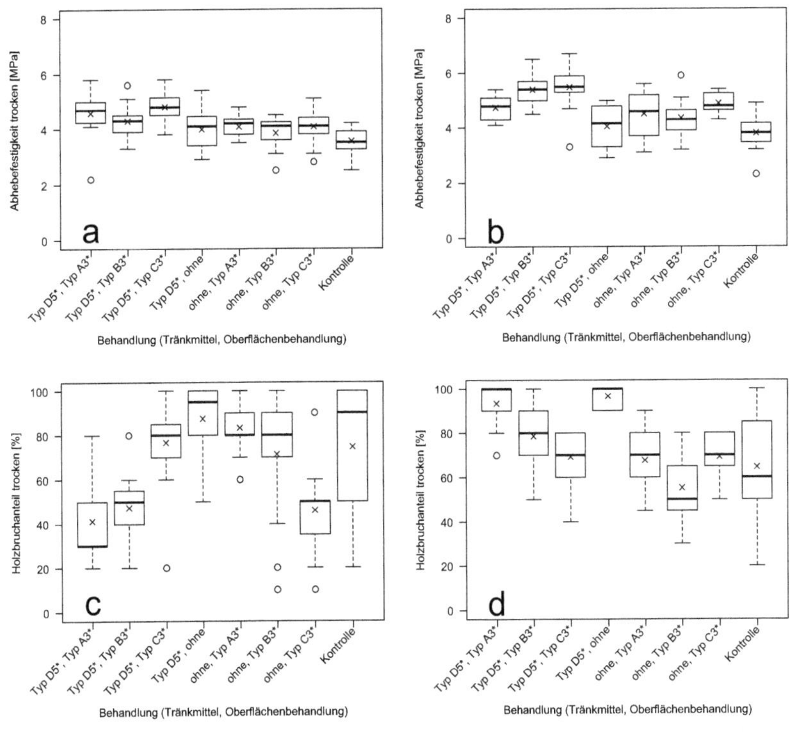

Abbildung 22: Abhebefestigkeit trocken nach prENv 927-8 (a Cetol, b Novatech) und die entsprechenden Holzbruchanteile (c Cetol, d Novatech) (n=5).

Beim Blocking konnte kein Unterschied zwischen den Behandlungen mit Haftvermittlern festgestellt werden. Große Unterschiede wurden zwischen den Beschichtungstypen festgestellt. Das wasserbasierte Acrylatsystem (Cetol) zeigte eine deutlich geringere Blockingrate als das lösemittelbasierte Alkydsystem (Novatech). Dies wurde auch von XIE *et al.* (2006) an mit DMDHEU behandeltem Kiefernholz und von DAWSON *et al.* (2001) an *Pinus radiata* festgestellt.

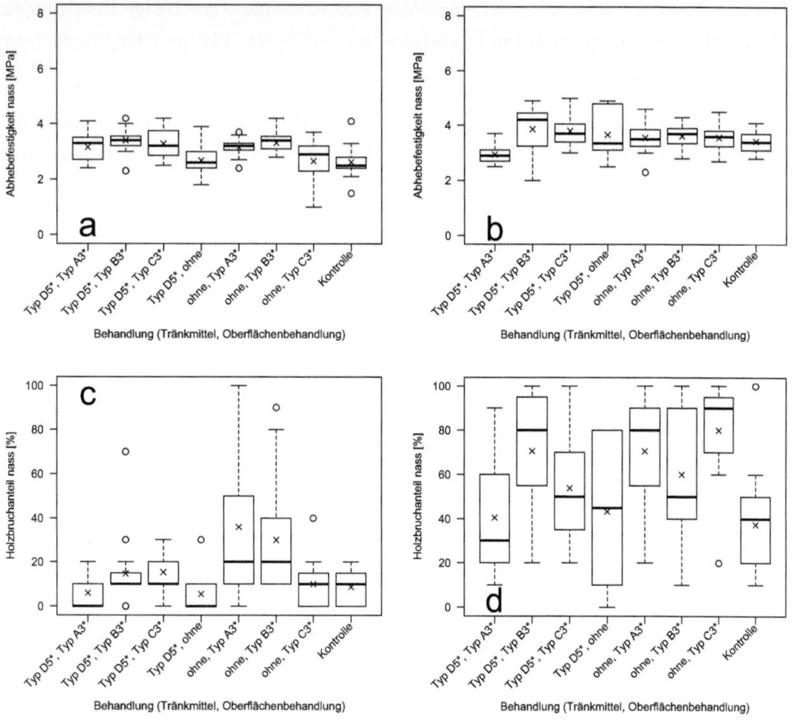

Abbildung 23: Abhebefestigkeit nass nach prENv 927-8 (a Cetol, b Novatech) und die entsprechenden Holzbruchanteile (c Cetol, d Novatech) (n=5).

3.1.5.4 Kapillare Wasseraufnahme

Mit Silan Typ D behandeltes Holz zeigte in jede anatomische Richtung eine deutlich verringerte Wasseraufnahme (Abb. 24). Die Konzentration der Behandlung spielt dabei eine eher untergeordnete Rolle, da eine höhere Konzentration nicht immer zu einer verringerten Wasseraufnahme führte. Dies hat auch DONATH (2004) bereits beobachtet. Die Wassereindringung in longitudinaler Richtung ist aufgrund der in dieser Richtung verlaufenden Gefäße am größten. Die tangentiale Wasseraufnahme ist etwas geringer als die radiale Aufnahme, wie auch schon früher beobachtet wurde (WEIGENAND *et al.*, 2007).

DONATH *et al.* (2006) konnten mittels REM-EDX- Analyse nachweisen, dass sich das Silan Typ D hauptsächlich in den Lumina und den Hoftüpfeln niedergeschlagen hat. Damit kann die verringerte Wasseraufnahme durch eine Blockierung der Haupteindringwege von Wasser in das Holz erklärt werden.

GHOSH *et al.* (2009b) konnten keinen klaren Einfluss der funktionellen Gruppen an Silikonen auf die kapillare Wasseraufnahme nachweisen. Sie erklären die verringerte Wasseraufnahme ebenfalls mit der physikalischen Verhinderung der Wassereindringung in die Gefäße (GHOSH *et al.*, 2009e).

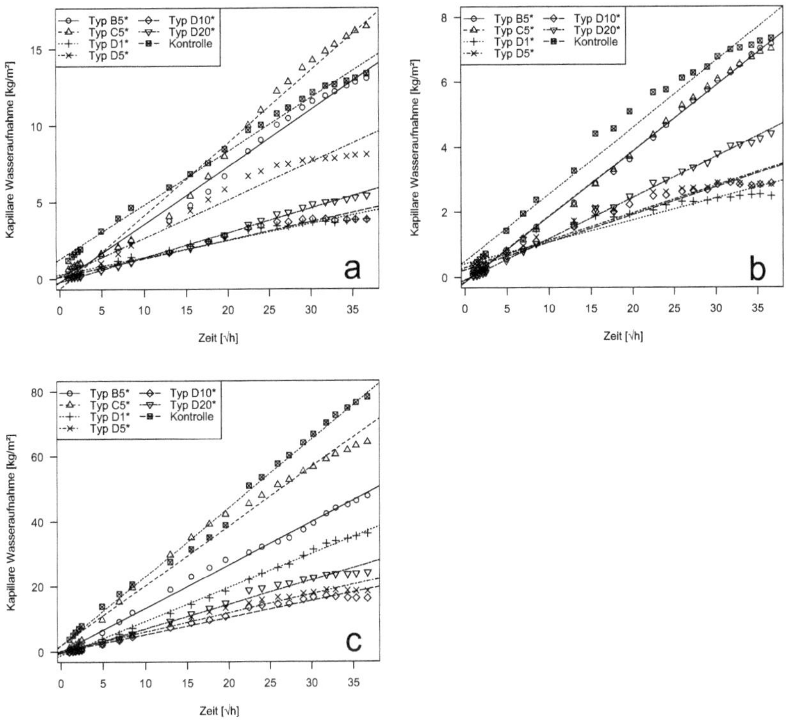

Abbildung 24: Kapillare Wasseraufnahme in radialer (a), tangentialer (b) und longitudinaler (c) Richtung (n=5) (Ordinaten unterschiedlich skaliert).

3.1.5.5 Dampfdiffusion

Die Behandlung mit den Silantypen B5* und C5* führte zu einer leicht verringerten Wasserdampfdurchgangsrate gegenüber der Kontrolle. Die mit Silan Typ D5* behandelten Prüfkörper zeigten dagegen eine leicht erhöhte Wasserdampfdurchgangsrate (Abb. 25). Dies überrascht, da dieses Silan hydrophober als die beiden anderen Silane ist. Die Beobachtung kann nicht auf stark streuende Messwerte oder abweichende WPGs zurückgeführt werden. Das WPG für die mit Silan B5* behandelten Proben liegt bei 4,2% ±0,3%, für die mit Silan C5* behandelten Proben bei 4,9%±0,2% und für die mit Silan D5* behandelten Proben bei 5,5%±0,1%.

Das ift Rosenheim (ANONYMUS, 2008) stellte dagegen bei mit Silan Typ D behandeltem Holz einen deutlich erhöhten Wasserdampfdiffusionswiderstand fest. Generell gilt, dass der Diffusionswiderstand mit steigender Holzfeuchte abnimmt (POPPER *et al.*, 2004). Auch die anatomische Richtung und der innere Aufbau des Holzes, sowie genetische Ursachen beeinflussen den Diffuionswiderstand (BOYE, 1986, VILLADSEN *et al.*, 1993). Trotz sorgfältiger Holzauswahl können Unterschiede in der Jahrringstruktur und im inneren Aufbau des verwendeten Holzes nicht ausgeschlossen werden. Dies könnte das überraschende Ergebnis für die Behandlung mit Silan D5* erklären.

DONATH *et al.* (2006) haben beobachtet, dass die Behandlung mit Silan Typ D kaum Einfluss auf die Aufnahme von Feuchtigkeit aus der Luft hat, während die Aufnahme von flüssigem Wasser deutlich reduziert wird. Dies bestätigt die Vermutung, dass die Zellwandstruktur nach der Behandlung unverändert bleibt und die Aufnahme von flüssigem Wasser nur physikalisch verhindert wird.

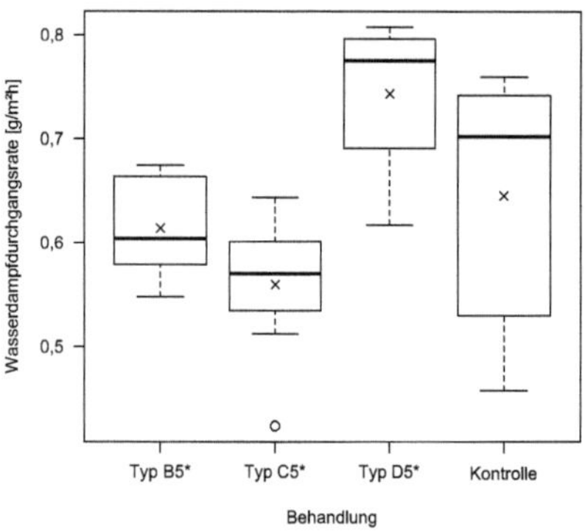

Abbildung 25: Wasserdampfdurchgangsrate [g/m²h] (n=8).

3.1.5.6 Feuchteaufnahme

Bei der Feuchteaufnahme darrgetrockneter Probekörper im Normalklima haben die behandelten Proben, unabhängig von der Konzentration der Behandlung, Luftfeuchtigkeit genauso schnell aufgenommen wie die Kontrolle (Abb. 26). Die Ausgleichsfeuchte unterscheidet sich nicht erkennbar von der Kontrolle. Auch das ift Rosenheim (ANONYMUS, 2008) hat dies bei mit Silan Typ D behandeltem Holz festgestellt. Dies bestätigt, dass eine Behandlung mit organofunktionellen Silanen offensichtlich keinen Einfluss auf die Aufnahme von dampfförmigem Wasser hat, was auch von DONATH *et al.* (2004) bereits beobachtet wurde. Auch GOETHALS UND STEVENS (1994) bemerken, dass eine Behandlung mit Propyltrimethoxysilan die hygroskopischen Eigenschaften und die Dimensionsstabilität nicht signifikant verbessert.

WEIGENAND (2006) und GHOSH *et al.* (2009e) berichten dagegen übereinstimmend, dass eine Behandlung mit Silikon-Mikroemulsionen die Feuchteaufnahme leicht reduziert und die Dimensionsstabilität leicht verbessert. Beide Autoren führen dies auf die geringe Partikelgröße der Mikroemulsionen zurück, die eine Eindringung in die Zellwand ermöglicht. Silikon-Makroemulsionen lagern sich dagegen nur in den Zelllumina an, was lediglich zu einer physikalischen Verhinderung der Wasseraufnahme führt. Die Deposition der Mikroemulsionen in der Zellwand und der Makroemulsionen im Zelllumen konnten beide Autoren mittels REM-EDX-Analyse nachweisen. Die unveränderte Feuchteaufnahme kann also darauf zurückzuführen sein, dass die hier verwendeten Silane nicht in die Zellwand eindringen können. DONATH (2004) hat nachgewiesen, dass die von ihm verwendeten vorhydrolysierten Silane vor allem im Zelllumen abgelagert werden.

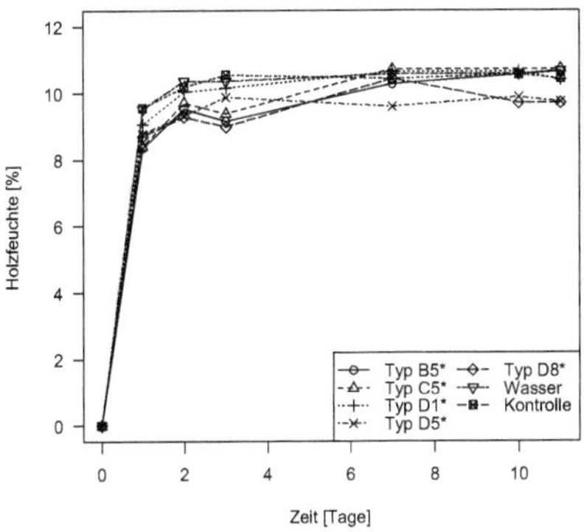

Abbildung 26: Geschwindigkeit der Feuchteaufnahme behandelter Proben im Normalklima (n=10).

3.2 Ergebnisse Silanbehandlung von Spänen

Im ersten Teil wurde berichtet, dass sich einige Holzeigenschaften durch eine Volltränkung mit Silanen, insbesondere Silan D, teilweise deutlich verbessern lassen. Durch die Behandlung wurde die Brinell-Härte signifikant und die Haftfestigkeit zweier Beschichtungssysteme tendenziell erhöht. Darüber hinaus zeigte die Behandlung mit Silan D deutlich geringeren Befall mit Schimmel und Bläue. Über die gute Schutzwirkung einer Behandlung mit verschiedenen Silanen von Holz vor Befall durch Pilze berichten mehrere Autoren übereinstimmend (BUECKER *et al.*, 2003, OGISO UND SAKA, 1993, DONATH, 2004). Die kapillare Wasseraufnahme wurde durch die Behandlung mit Silan D deutlich und scheinbar unabhängig von der Konzentration der Behandlungslösung reduziert. Die hydrophobe Wirkung wird auf die organofunktionelle Gruppe zurückgeführt (MAI UND MILITZ, 2004b). Auch DONATH (2004) hat festgestellt, dass die wasserabweisenden Eigenschaften nicht im gleichen Maße abnehmen, wie die Konzentration der Behandlungslösungen verringert wird. Die vorliegenden wie auch alle in der Literatur berichteten Ergebnisse beschränken sich auf die Behandlung von Vollholz. Insbesondere die deutliche Reduzierung der Wasseraufnahme und der damit verbesserten Dimensionsstabilität ist aber auch für Holzwerkstoffe interessant. In der Literatur wurde über die Herstellung von Holzwerkstoffen aus mit Essigsäureanhydrid, DMDHEU, und thermisch vorbehandeltem Holz berichtet. Auf den Einfluss der Behandlung auf die Dickenquellung wird dabei besonders eingegangen. Holzwerkstoffe aus acetyliertem Holz zeigen eine deutlich verringerte Dickenquellung (YOUNGQUIST UND ROWELL, 1986, ROWELL *et al.*, 1986, TRICOYA, 2010). Die Dickenquellung von Spanplatten aus thermisch behandelten Spänen nimmt mit steigender Temperatur der Behandlung ab (GOROYIAS UND HALE, 2002, BOONSTRA *et al.*, 2006, PAUL *et al.*, 2006, HSU *et al.*, 1988). Auch die thermische Nachbehandlung fertiger Holzwerkstoffe führt zu geringerer Dickenquellung (XIANGQUAN *et al.*, 1997, VOß, 1952). Spanplatten aus DMDHEU-behandeltem Holz zeigen ebenfalls deutlich geringere Dickenquellung (YUSUF *et al.*, 1995).

Organofunktionelle Silane werden bislang industriell als Haftvermittler, Oberflächenmodifizierer und Vernetzungsagens eingesetzt. KLOESER (2008) konnte zeigen, dass sich Span- und Faserplatten mit Silan D als einzigem Bindemittel herstellen lassen und dabei zufriedenstellende Eigenschaften erreichen können. Daher wurde erwartet, dass sich durch eine Vorbehandlung der Späne mit Silanen die Querzug- und Biegefestigkeiten erhöhen lassen. Mit dimensionsstabilen Holzwerkstoffen, die in Feuchträumen oder im Aussenbereich angewendet werden können, könnten sich neue Märkte erschliessen lassen. Bislang sind nur zementgebunden Spanplatten und mit hitzehärtenden Harzen getränkte und beschichtete Werkstoffe (z. B. von Werzalit oder Trespa) für Feuchträume und Aussenanwendungen geeignet.

3.2.1 Spanvorbehandlung im Reaktor und Siebanalyse

Die Siebanalyse zeigt, dass sich die Spangrößenverteilung zwischen den unterschiedlich intensiv behandelten Spänen unterscheiden. Die nicht behandelte Kontrolle hat einen relativ hohen Anteil Grobfraktion (>4 mm) und sehr wenig Feinanteil (<0,5 mm). Die im Reaktor behandelten Späne haben einen deutlich geringeren Anteil Grobfraktion und einen deutlich höheren Feinanteil. Die Anteile an Grobfraktion und Feinanteil der in der Beleimungstrommel behandelten Späne liegen zwischen den beiden anderen Behandlungsstufen. Die Spangrößenfraktionen zwischen 0,5 mm und 4 mm sind bei allen Behandlungsstufen ähnlich. Zwischen den Behandlungen mit verschiedenen Silanen und Wasser konnte kein Unterschied in der Spangrößenverteilung festgestellt werden. Auch zwischen der Behandlungsdauer im Reaktor (zwischen 102 und 185 min) und der Spangrößenverteilung konnte kein Unterschied festgestellt werden. Daher wurden alle im Reaktor behandelten Varianten in der folgenden Abbildung (Abb. 27) zusammengefasst. Die Ergebnisse der Siebanalyse zeigen, dass die Intensität der Spanbehandlung Einfluss auf die Spangrößenverteilung hat. Durch die Behandlung in der Beleimungstrommel nimmt bereits der Grobanteil ab und der Feinanteil zu. Diese Verschiebung der Fraktionsanteile ist nach der zusätzlichen Behandlung im Spänereaktor noch deutlicher. Dies muss der mechanischen Belastung durch ständiges Umwälzen während der Behandlung zuzuschreiben sein. Zu diesem Schluss kommen auch HUNDHAUSEN *et al.* (2010) nach vergleichbaren Beobachtungen.

Die Veränderungen in der Spangrößenverteilung lassen veränderte Eigenschaften der daraus hergestellten Spanplatten erwarten, da die Partikelgröße und -geometrie Einfluss auf die Eigenschaften von Spanplatten hat (OSARENMWINDA UND NWACHUKU, 2007, KUSIAN, 1968, MIYAMOTO *et al.*, 2002). Mit abnehmender Partikelgröße ist mit einem höheren Leimverbrauch zu rechnen, während eine geringere Dickenquellung erwartet werden kann. Durch die Behandlung mit Wasser können die Hemizellulosen hydrolysiert werden, was eine geringere Dickenquellung nach sich ziehen kann (HSU *et al.*, 1988).

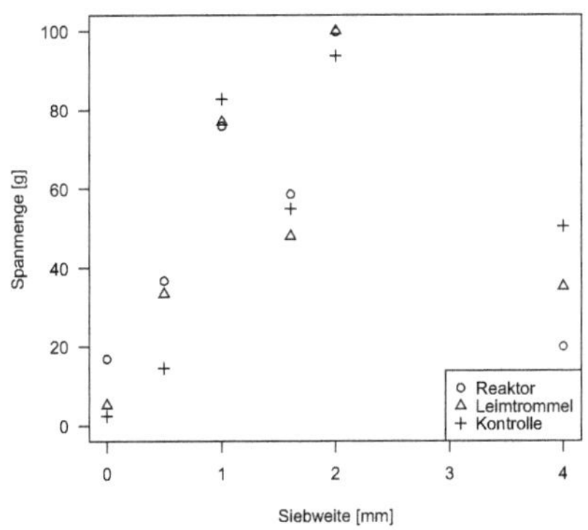

Abbildung 27: Vergleich der Spangrößenfraktionen nach der Behandlung im Reaktor (bei vorheriger Behandlung in der Leimtrommel) und in der Leimtrommel mit der unbehandelten Kontrolle. Siebweite 0 mm ist die Bodenwanne, in der alle Partikel <0,5 mm aufgefangen werden.

3.2.2 Biologische Untersuchungen

Beim Schimmeltest konnten weder beim Zeitpunkt des Befalls noch bei der Befallsintensität Unterschiede zwischen den Vorbehandlungen und der Kontrolle festgestellt werden. Für die Behandlungen mit den Silanen B und C konnte dies aufgrund der Beobachtungen bei der Vollholzbehandlung (Kap. 3.1.3.1) erwartet werden. Da Silan A vergleichbare Eigenschaften hat wie die Silane B und C, überrascht das Ergebnis nicht. Überraschend ist jedoch, dass Silan D ebenfalls kein verringertes Schimmelwachstum im Vergleich zur unbehandelten Kontrolle zeigte. Silan D hat sich bei der Behandlung von Vollholz als sehr effektives Schutzmittel zur Verhinderung von Schimmelwachstum erwiesen (Kap. 3.1.3.1). Über den langen Zeitraum der Inkubation (12 Wochen) und der ständigen, starken Kondenswasserbildung an den Proben könnten aber Holzinhaltsstoffe an die Oberfläche gelangt sein, die den Schimmeln als Lebensgrundlage dienen konnten.

In der Literatur wird von verschiedenen Behandlungsverfahren berichtet, die die Dauerhaftigkeit von Holzwerkstoffen deutlich verbessern. KAJITA UND IMAMURA (1991) haben Späne der japanischen Zeder mit Phenol-Formaldehydharz in verschiedenen Konzentrationen behandelt. An den daraus hergestellten Spanplatten haben sie mit steigenden Beladungsgraden einen geringeren Abbau durch *C. versicolor* und *T. palustris* festgestellt. ROWELL *et al.* (1997) berichten über einen sehr stark verringerten Abbau von acetylierten Faserplatten im Bodenkontakt. YUSUF *et al.* (1995) berichten über einen stark verringerten Abbau von Spanplatten (Waferboards) durch *T. palustris* und *C. versicolor* nach Behandlung mit DMDHEU und Glutaraldehyd.

3.2.3 Physikalisch-technologische Untersuchungen

3.2.3.1 Gelierzeitmessung

Die Gelierzeit von MUPF-Harz hat sich bei Zugabe nativ basischer Silane (Typ A, Typ B, Typ C) mit zunehmender Konzentration verlängert (Abb. 28). Bei saurer Einstellung dieser Silane mit Essigsäure auf pH 4 wie auch beim nativ sauren Silan Typ D verkürzte sich die Gelierzeit mit zunehmender Konzentration. Dies ist auf die säurehärtenden Eigenschaften des verwendeten MUPF-Harzes zurückzuführen.

Zur Säurehärtung von MUPF-Harzen merken ZEPPENFELD UND GRUNWALD (2005) kritisch an, dass die PF-Komponente aufgrund der geringen Reaktivität unter Säureeinfluss möglicherweise nicht vollständig aushärtet. Ungünstigstenfalls kann freies Phenol im ausgehärteten Klebstoff verbleiben, welches nachträglich ausdünsten kann. Der Einfluss des pH-Wertes lässt sich anhand der Kontrollen gut verdeutlichen, da sowohl die Kontrolle für native wie auch die für sauer eingestellte Silane mit zunehmender Wasserzugabe zu kürzeren Gelierzeiten führt. Der Hersteller des MUPF-Harzes berichtet über vergleichbare Gelierzeiten bei Zugabe verschieden konzentrierter Ammoniumsulfat- und -nitratlösungen (BASF, 2007). Bei Gelierzeitmessungen an UF-Harz hat KLOESER (2008) bereits festgestellt, dass steigende Silanzugaben (Typ A) die Gelierzeiten verlängern. HAN *et al.* (1999) haben festgestellt, dass Aminosilane die Gelierzeit von UF-Harz deutlich verlängern, während Epoxy- und Vinylsilane keinen Einfluss auf die Gelierzeit haben. Die Autoren führen dies auf eine Erhöhung des pH-Wertes zurück. Wie die Ergebnisse der vorliegenden Arbeit bestätigen, hat der pH-Wert der verwendeten Silane Einfluss auch auf die Gelierzeit von MUPF-Harz. Bei den in dieser Arbeit gewählten Presszeiten von 15 sek/mm kann dennoch von einer vollständigen Aushärtung des Bindemittels ausgegangen werden. Bei den Produktionsgeschwindigkeiten, wie sie in der Holzwerkstoffindustrie üblich sind (bis hinunter auf ca. 5 sek/mm Plattendicke) könnte die Silanbehandlung allerdings dazu führen, dass das Bindemittel nicht ausreichend aushärtet.

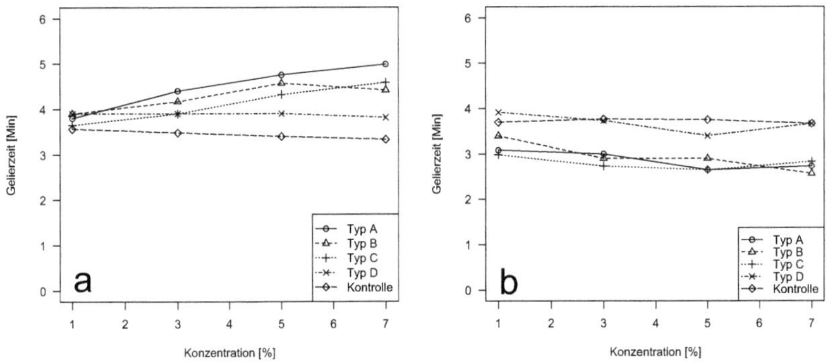

Abbildung 28: Gelierzeit nativer (a) und sauer eingestellter (b) Silane in Abhängigkeit der Silankonzentration (bezogen auf den Feststoffgehalt) im Leim-Silangemisch (n=2).

3.2.3.2 Biegefestigkeit

Die Anforderungen der DIN EN 312 Typ P7 sollten erfüllt werden. Diese definiert die höchsten Anforderungen aller Normen aus dem Bereich der Spanplatten. Platten, die diese Anforderungen erfüllen, müssen eine Biegefestigkeit von mindestens 20 N/mm² aufweisen. Dieser Wert wurde bei den MUPF-gebundenen Platten nur von der Kontrolle erreicht (Abb. 29a). Die Biegefestigkeit der Platten aus den Vorbehandlungen mit den Silanen A, B, C und D1 war dabei signifikant niedriger als bei der Kontrolle. Dies könnte darauf zurückzuführen sein, dass MUPF ein säurehärtendes Bindemittel ist und die Silane A, B und C basisch eingestellt sind. Die Messung der Gelierzeit (Kap. 3.2.3.1) hat gezeigt, dass die basisch eingestellten Silane die Gelierzeit von MUPF verlängern. Die Gelierzeit wird dagegen kaum beeinflusst, wenn diese Silane angesäuert werden. Bei den PMDI-gebundenen Platten erreichten lediglich die Platten aus der Vorbehandlung mit Silan Typ D3 die Anforderungen nicht (Abb. 29b). Zwischen allen Vorbehandlungen gibt es keine signifikanten Unterschiede. Alle Platten erfüllen aber die nächstniedrigere Anforderung (DIN EN 312 Typ P5: tragende Zwecke im Feuchtbereich) von 16 N/mm². Mit der Biegefestigkeit im engen Zusammenhang steht das Biege-E-Modul. Die Anforderung von 3100 N/mm² wurde von allen MUPF-gebundenen Platten, außer der Vorbehandlung B3, erfüllt (Abb. 29c). Bei den PMDI-gebundenen Platten erreichten die Vorbehandlungen mit Silan Typ D den Wert nicht (Abb. 29d). Der nach DIN EN 312 Typ 5 erforderliche Wert von 2400 N/mm² wurde von allen Platten erreicht. Die Unterschiede sowohl bei den MUPF-gebundenen wie auch den PMDI-gebundenen Platten sind nicht signifikant. Das relativ niedrige Biege-E-Modul der PMDI-gebundenen Spanplatten aus mit Silan Typ D vorbehandelten Platten zeigt, dass die Platten aufgrund der Behandlung steifer waren als bei den anderen Behandlungen. Insgesamt zeigen die Werte, dass alle hergestellten Spanplatten hohe Biegefestigkeiten und E-Moduli aufweisen und die Anforderungen für tragende Zwecke im Feuchtbereich erfüllen.

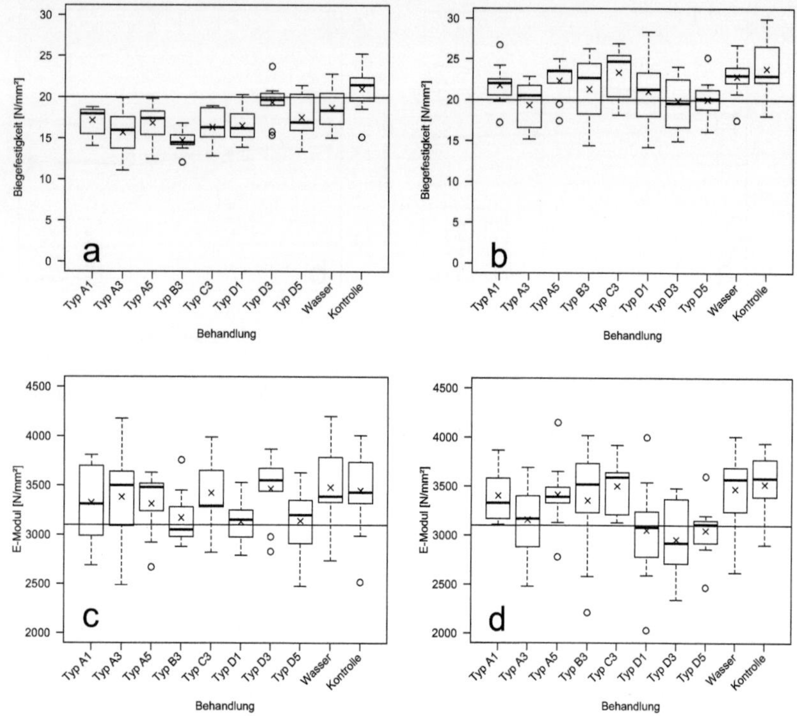

Abbildung 29: Biegefestigkeit (a MUPF, b PMDI) und Biege-E-Modul (c MUPF, d PMDI) von Spanplatten aus behandelten Spänen. Die durchgehende Linie in den Grafiken stellt die Anforderungen nach DIN EN 312 Typ P7 dar (n=9).

3.2.3.3 Querzugfestigkeit (V20)

Die DIN EN 312 Typ P7 verlangt eine Querzugfestigkeit von 0,7 N/mm². Dieser Wert wurde von allen Platten erreicht (Abb. 30a und b). Die PMDI-gebundenen Platten lagen sogar deutlich über diesem Wert. Dabei zeigte keine Vorbehandlung signifikante Unterschiede zur Kontrolle. Bei den MUPF-gebundenen Platten gab es signifikante Unterschiede zwischen der Kontrolle und den Platten aus den Vorbehandlungen mit den Typen A3, C3, D3 und Wasser. Die Vorbehandlungen mit den Typen A3, D3 und Wasser führen zu signifikant höheren Querzugfestigkeiten, während die Vorbehandlung mit Typ C3 zu signifikant niedrigeren Querzugfestigkeiten führt. KLOESER (2008) hat die Silane A und D als alleinige Bindemittel zur Herstellung von Spanplatten eingesetzt. Bei einer Silanbeimengung von 8,5% (Feststoff Silan auf atro Spanmaterial) hat er bei Silan D eine Querzugfestigkeit von 0,44 N/mm² ermittelt, während er bei Silan A eine Querzugfestigkeit von nur 0,13 N/mm² beobachten konnte. Er führt das schlechte Ergebnis bei Silan A auf dessen basische Einstellung zurück, was zu einer verminderten Reaktivität auf der sauren Holzoberfläche geführt haben könnte. Dies könnte im Umkehrschluss bedeuten, dass die sehr hohen Querzugfestigkeiten von Typ D3 auf die saure Einstellung von Silan D zurückzuführen ist. Dadurch könnte die auch die Aushärtung des säurehärtenden Bindemittels verbessert worden sein. Damit kann jedoch nicht erklärt werden, warum die Behandlung mit den Typen D1 und D5 keine höheren Querzugfestigkeiten gegenüber der Kontrolle bewirkt. Die niedrigen Werte für die Behandlung mit Typ C3 lassen sich dagegen mit dessen basischer Einstellung erklären, nicht jedoch die hohen Werte bei Typ A3.

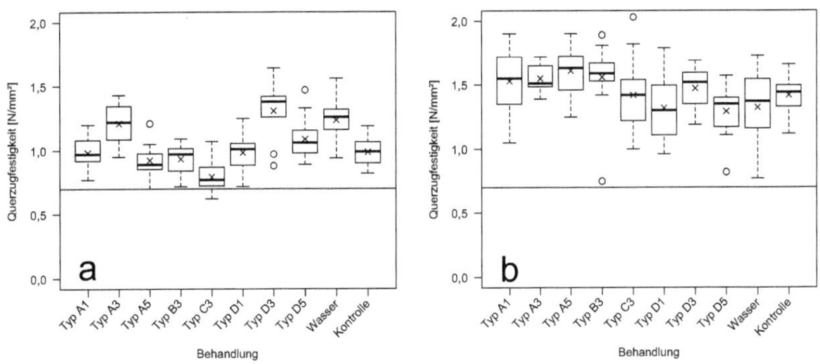

Abbildung 30: Querzugfestigkeit von Spanplatten aus behandelten Spänen (a MUPF, b PMDI). Die durchgehende Linie in den Grafiken stellt die Anforderungen nach DIN EN 312 Typ P7 dar (n=15).

3.2.3.4 Kochquerzugprüfung (V100)

Die DIN EN 312 Typ P7 verlangt eine Querzugfestigkeit von 0,23 N/mm² nach der Kochung. Bei diesem Versuch zeigte das bei den Versuchen an Vollholz positiv aufgetretene Silan D im Spanplattentest deutliche Vorteile gegenüber anderen Silanen und der Kontrolle. Es erfüllte bei den MUPF-gebundenen Platten die Normanforderungen deutlich, während als einzige weitere Varianten die Vorbehandlungen A5 und Wasser den Wert knapp erfüllten (Abb. 31a). Die Werte der genannten Varianten lagen signifikant höher als bei der Kontrolle. Auch bei den PMDI-gebundenen Platten, welche ohne Ausnahme die Anforderungen deutlich erfüllten, zeigte Silan Typ D geringfügig höhere Festigkeiten als alle anderen Vorbehandlungen. Nur Vorbehandlung B3 zeigte keine signifikant höhere Festigkeit als die Kontrolle (Abb. 31b).

Die sehr hohen Festigkeiten der MUPF-gebundenen Spanplatten mit Typ D-Vorbehandlung könnten auf eine gute Kompatibilität zwischen diesem Silan und MUPF hinweisen. Da Silan D sauer eingestellt ist und MUPF säurehärtend ist, könnte dies zu einer stark ausgeprägten Vernetzung des Bindemittels geführt haben. Diese Vermutung wird durch die Beobachtung unterstützt, dass es bei den PMDI-gebundenen Spanplatten keinen so ausgeprägten Unterschied zwischen den Silanvorbehandlungen und der

Kontrolle gibt. Die hydrophobierenden Eigenschaften des Silans dürften kaum einen Einfluss auf das Ergebnis gehabt haben, da die Kontaktwinkelmessung gezeigt hat, dass ausgehärtete Silane kaum Einfluss auf die Benetzbarkeit des Holzes haben.

Es überrascht, dass, wie auch schon bei der Querzugfestigkeit (Kap. 3.2.3.3), kein Einfluss der Konzentration auf die Festigkeiten beobachtet werden konnte. Dies wäre nach den Ergebnissen der Verklebbarkeit (Kap. 3.1.5.2) zu erwarten gewesen, wobei die Versuchsbedingungen nicht direkt vergleichbar sind, da bei dem Versuch zur Verklebbarkeit nach der Kochung so wenige Prüfkörper geprüft werden konnten, dass keine Aussage möglich ist. Ein Grund dafür, dass kein Einfluss der Konzentration zu erkennen ist, könnte sein, dass der Einfluss durch die Spangeometrie den Konzentrationseinfluss überlagert. Da Silan D bereits früher hyrophobierende Eigenschaften gezeigt hat (Kap. 3.1.5.4 Kapillare Wasseraufnahme, DONATH, 2004) könnten die hohen Querzugfestigkeiten der mit Silan D vorbehandelten Spanplatten auf die hydrophobierende Wirkung dieses Silans zurückgeführt werden. Die Silane B und C haben bei der Kapillaren Wasseraufnahme keine hydrophobierende Wirkung gezeigt. Die Vorbehandlung mit diesen Silanen führte daher auch nicht zu höheren Querzugfestigkeiten.

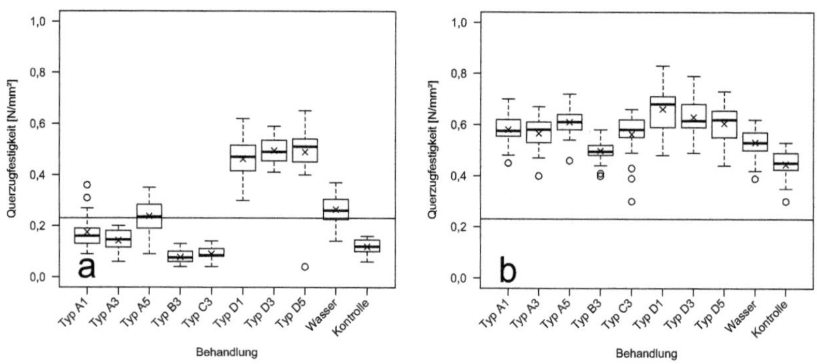

Abbildung 31: Querzugfestigkeit von Spanplatten aus behandelten Spänen nach Kochprüfung (a MUPF, b PMDI). Die durchgehende Linie in den Grafiken stellt die Anforderungen nach DIN EN 312 Typ P7 dar (n=24).

3.2.3.5 Dickenquellung

Die MUPF-gebundenen Spanplatten aus mit Silan Typ D vorbehandelten Spänen zeigten nach 24h gegenüber der Kontrolle eine um etwa die Hälfte reduzierte Dickenquellung. Auch nach 72h war die Dickenquellung noch deutlich reduziert. Alle übrigen Silane zeigten keine signifikant verringerte Wasseraufnahme gegenüber der Kontrolle, während die Spanplatten aus der Wasservorbehandlung sowohl nach 24h als auch nach 72h eine signifikant geringere Dickenquellung zeigte. Wie die Siebanalyse zeigte, sind die Spangrößen aufgrund der Behandlung im Reaktor bei den Silanbehandlungen und der Wasserbehandlung zu kleineren Fraktionen verschoben. Dies wirkt sich auf die Dickenquellung und Wasseraufnahme verringernd aus (MIYAMOTO *et al.*, 2002). Die verringerte Dickenquellung der wasserbehandelten Spanplatten könnte mit dem Verhornungseffekt erklärt werden. Während alle außer mit Silan D behandelten Spanplatten in der Zeit von 24h bis 72h kaum noch gequollen sind, zeigten die mit Silan D behandelten Spanplatten in diesem Zeitraum eine deutlich stärkere Dickenquellung. Dies weist daraufhin, dass die Behandlung mit Silan D die Wasseraufnahme nicht dauerhaft verhindert, sondern lediglich verzögert.

Bei den PMDI-gebundenen Spanplatten wurden keine ausgeprägten Unterschiede zwischen den Spanplatten aus silanbehandelten Spänen und der Kontrolle beobachtet. Die Dickenquellung aller Silanbehandlungen (außer Typ A3) und der Wasserbehandlung war zwar signifikant niedriger als bei der Kontrolle, jedoch nicht deutlich niedriger. Hier unterschied sich die Behandlung mit Silan Typ D nicht von den anderen Silanbehandlungen. Die Dickenquellung verlief über alle Behandlungen gleichmäßig.

Bei beiden Bindemitteln war die Dickenquellung der mit Silan Typ D behandelten Spanplatten nach 24h und 72h signifikant geringer als bei der Kontrolle (Abb. 32a bis d). Daher scheint Silan Typ D als Hydrophobierungsmittel geeignet zu sein. Besonders ausgeprägt war die verringerte Dickenquellung bei den MUPF-gebundenen Spanplatten. Hier war die Dickenquellung signifikant geringer als bei allen anderen Behandlungen (mit einer Einschränkung: nach 72h ist die Dickenquellung der Behandlungen mit Silan Typ D1 und Wasser nicht signifikant verschieden). Das sauer eingestellte Silan D könnte hier zusätzlich zur wasserabweisenden Wirkung die Aushärtung des säurehärtenden MUPF begünstigt haben und dadurch einen besonders festen Holz-Klebestoff-Verbund bewirkt haben. Diese Vermutung lässt sich durch die besonders hohen Querzugfestigkeiten dieser Behandlung nach der Kochung (Kap. 3.2.3.4) belegen. Die Vernetzung von PMDI wird dagegen durch Wasser eingeleitet und ist pH-unabhängig.

Die Anforderungen der DIN EN 312 Typ 7 an die Dickenquellung wurden überwiegend nicht erreicht. Dabei muss berücksichtigt werden, dass die untersuchten Spanplatten ohne Hydrophobierungsmittel auf Wachsbasis hergestellt wurden. In der Holzwerkstoffindustrie werden diese Mittel bei der Herstellung verwendet, um eine Quellung der Werkstoffe nach kurzzeitiger Benässung zu verhindern. Üblicherweise werden dabei 0,3 bis 1% Paraffin auf atro Späne zugegeben. Eine höhere Zugabe verbessert die hydrophobierende Wirkung nur noch marginal, während Biege- und Querzugfestigkeit verringert werden (MÜLLER, 1962, AMTHOR UND BÖTTCHER, 1984). Der Vorteil einer Behandlung mit Silan Typ D gegenüber einer Beimengung von Paraffinen zur Leimflotte liegt darin, dass zusätzlich zur hydrophobierenden Wirkung die Querzugfestigkeit, insbesondere nach der Kochung (Kap. 3.2.3.4), verbessert werden kann. HAN *et al.* (2001) berichten wie auch schon in den zuvor erschienenen Publikationen (HAN *et al.*, 1998, 1999) neben einer verbesserten Querzugfestigkeit über eine signifikant verringerte Dickenquellung an Spanplatten aus Weizen- und Riedstroh nach Einsatz von Amino- und Epoxysilanen als Haftvermittler. Die Auswirkungen auf die Biegefestigkeit waren gering, insbesondere bei Platten aus gröberen Spänen. Die Dimensionsstabilität silanbehandelter Platten war verbessert. Diese Beobachtungen entsprechen den vorliegenden Ergebnissen.

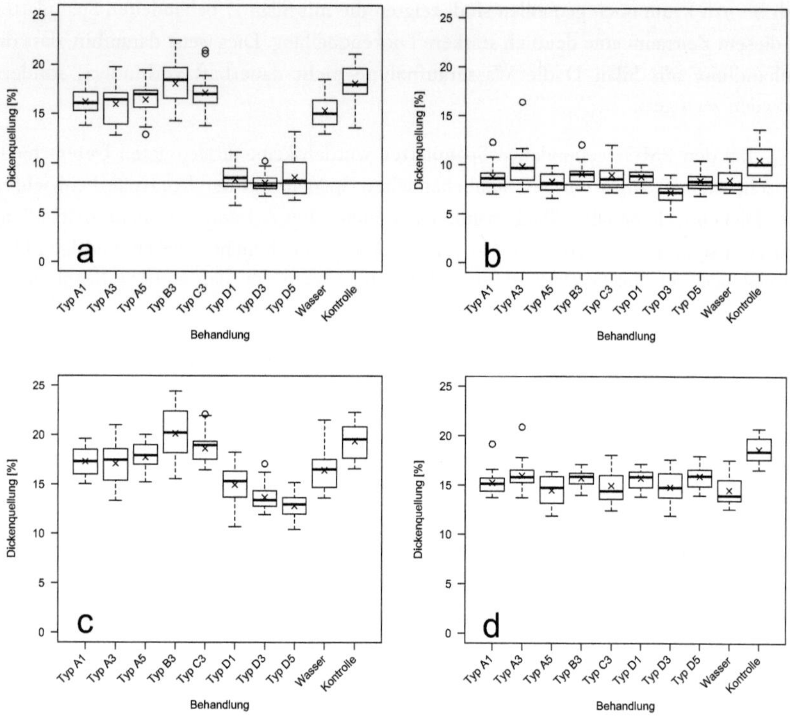

Abbildung 32: Dickenquellung von Spanplatten aus behandelten Spänen nach 24h(a MUPF, b PMDI) und 72h (c MUPF, d PMDI). Die durchgehende Linie in den Grafiken stellt die Anforderungen nach DIN EN 312 Typ P7 dar (n=18).

3.2.3.6 Wasseraufnahme

Die Wasseraufnahme hängt eng mit der Dickenquellung zusammen. Demnach zeigte sich hier ein sehr ähnliches Bild. Die Vorbehandlung mit Silan D zeigte nach 24h bei beiden Klebstoffen und nach 72h bei MUPF-gebundenen Platten eine signifikant geringere Wasseraufnahme als die Kontrolle. Die übrigen, hydrophiler eingestellten Silane zeigten dagegen keinen Unterschied zur Kontrolle (Abb. 33a-d). Bei den PMDI-gebundenen Platten verringerte die Behandlung mit Silan Typ D3 die Wasseraufnahme signifikant sowohl nach 24h als auch nach 72h.

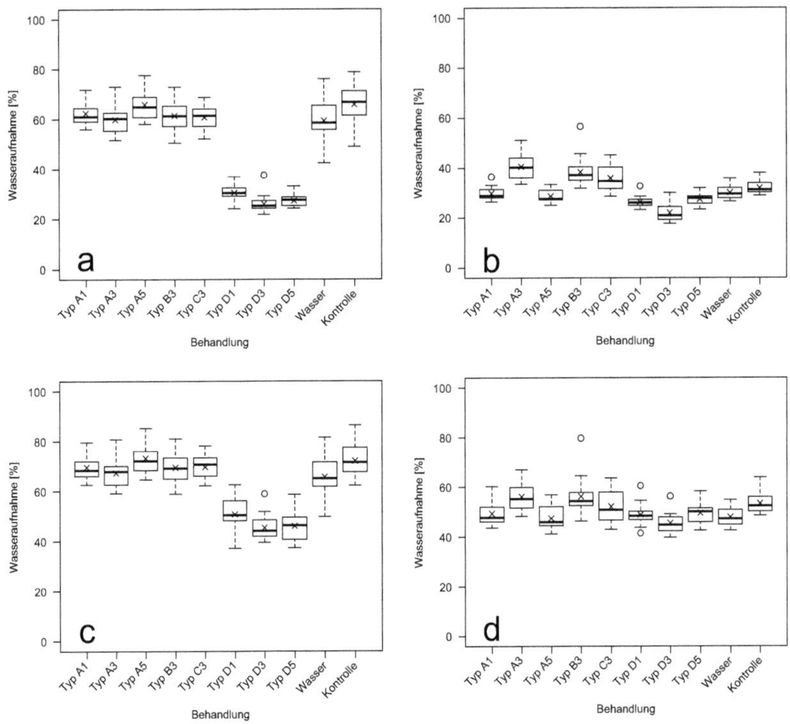

Abbildung 33: Wasseraufnahme von Spanplatten aus behandelten Spänen nach 24h (a MUPF, b PMDI) und 72h (c MUPF, d PMDI) (n=18).

3.2.3.7 Feuchteaufnahme

Bei der Aufnahme von Luftfeuchtigkeit von Spanplatten im Normalklima konnten, wie schon bei den Behandlungen an Vollholz, keine Unterschiede sowohl zwischen den verschiedenen Spanvorbehandlungen als auch den verwendeten Bindemitteln festgestellt werden (Abb. 35). Dagegen konnte während des Schimmeltests nach BS 3900 (Abb. 34) ein signifikanter Unterschied bei der Feuchteaufnahme der MUPF-gebundenen Platten zwischen der Vorbehandlung mit Silan Typ D5 und der Kontrolle beobachtet werden. Bei den PMDI-gebundenen Platten konnten keine signifikanten Unterschiede festgestellt werden. Insgesamt lag die Dickenquellung noch höher als in Kap. 3.2.3.5 berichtet. Dies kann nur mit der langen Laufzeit dieses Versuchs (12 Wochen) und des intensiven Kondenswasserniederschlags erklärt werden. Die Luftfeuchtigkeit wurde während des Schimmeltests nicht gemessen, aufgrund der Versuchsanordnung kann aber von 100% Luftfeuchte ausgegangen werden. Die hängende Anordnung der Prüfkörper ohne Wasserkontakt und der ständige Niederschlag von Kondenswasser lassen weder einen direkten Vergleich mit der Wasseraufnahme (Kap. 3.2.3.6) noch mit einer Sorption (Kap. 3.2.3.7) zu.

Es wurde zwar kein Unterschied in der Intensität des Schimmelbefalls festgestellt, es wurde jedoch nicht untersucht, ob es Unterschiede in den Arten der auf den Proben wachsenden Schimmelpilze gibt. Diese könnten in der Lage sein, unterschiedlich viel Wasser aufzunehmen und im Myzel zu halten.

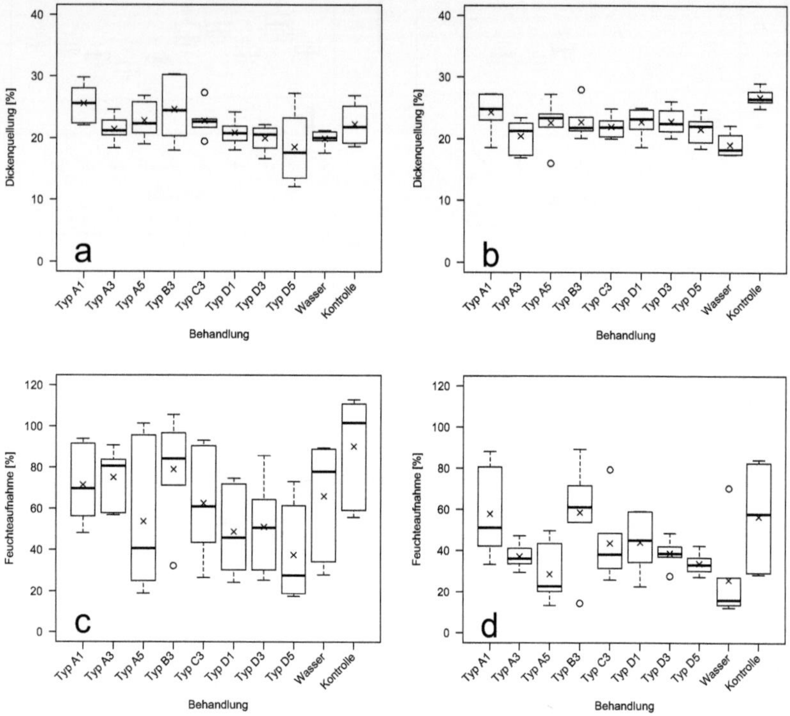

Abbildung 34: Dickenquellung (a MUPF, b PMDI) und Feuchteaufnahme (c MUPF, d PMDI) von Spanplatten aus behandelten Spänen nach dem Schimmeltest nach BS 3900 (n=6).

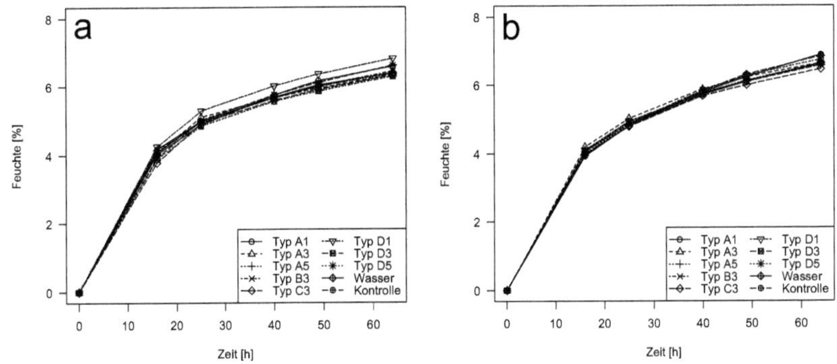

Abbildung 35: Entwicklung der Feuchte MUPF- (a) und PMDI- (b) gebundener Spanplatten im Normalklima (n=2).

3.2.3.8 Bewitterung beschichteter Proben

Die Stabilität der Beschichtung während der Schnellbewitterung ist maßgeblich von den Eigenschaften des Trägermaterials abhängig. Nimmt das Trägermaterial viel Feuchtigkeit auf und arbeitet infolgedessen, sind schnell Schäden an der Beschichtung sichtbar. Die durchschnittliche Dickenquellung von Spanplatten, die mit Silan Typ D vorbehandelt wurden, war mit einer zusätzliche Beschichtung deutlich niedriger als bei allen anderen Spanplatten. Die Konzentration der Behandlung scheint dabei keinen Unterschied zu machen (Abb. 36a). Selbst ohne Beschichtung zeigten diese Platten noch eine geringere Dickenquellung als alle anderen, jedoch nicht mehr so ausgeprägt wie bei den beschichteten Proben (Abb. 36b). Unbeschichtet fällt die Dickenquellung mit zunehmender Konzentration geringer aus.

Der durchschnittliche Feuchteaufnahme der Spanplatten aus mit Silan Typ D behandelten Spänen war sehr deutlich niedriger als bei allen anderen Spanplatten. Dabei schien es nur eine untergeordnete Rolle zu spielen, ob die Spanplatten beschichtet wurden oder nicht (Abb. 37). Dabei fällt auf, dass die stärkste Dickenquellung nach dem ersten Bewitterungszyklus zu beobachten war. Die Feuchtigkeit scheint demnach nicht verzögert in die Spanplatte einzudringen. Dickenquellung und Feuchteaufnahme werden offensichtlich nicht nur durch die Beschichtung beeinflusst, sondern auch durch die Vorbehandlung. Durch die Beschichtung muss Feuchtigkeit in die Spanplatte eindringen, damit es zur Dickenquellung kommen kann. Die Beschichtung scheint die Wasseraufnahme der Spanplatte nur zu verzögern. Quillt die Spanplatte aufgrund der Wasseraufnahme auf, so wurde eine erhebliche Beschädigung der Beschichtung beobachtet. Damit fällt der Schutz der Spanplatte vor Wasser durch die Beschichtung weg. Da die Wasseraufnahme durch die Vorbehandlung der Späne mit Silan D deutlich reduziert wird, wird aufgrund der deutlich geringeren Dickenquellung auch die Beschichtung weniger beansprucht.

Spanplatten sind sehr anfällig gegen Veränderungen in der Feuchte. Oberflächenspäne verlieren die Haftung und fallen ab. Nach WILLIAMS (2005) gibt es keine Alternative zur Beschichtung von Spanplatten für den Aussenbereich. Die vorliegenden Ergebnisse zeigen ebenfalls, dass auf eine Beschichtung nicht verzichtet werden kann, dass aber eine hyrophobierende Vorbehandlung die Lebensdauer von Spanplatten im Aussenbereich deutlich verlängern kann, da durch die deutlich verringerte Quellung weniger Risse in der Beschichtung zu erwarten sind.

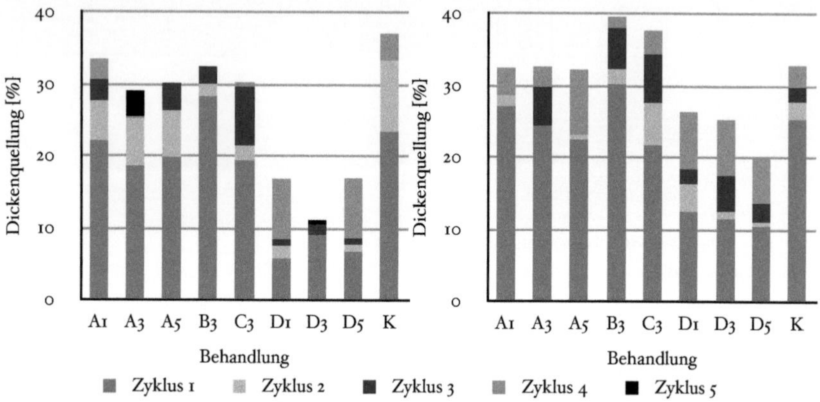

Abbildung 36: Entwicklung Dickenquellung über 5 Zyklen Schnellbewitterung mit (links, n=3) und ohne (rechts, n=2) Beschichtung.

3.2.4 Analytische Untersuchungen

3.2.4.1 Formaldehyd-Gehalt Perforator

Die Messwerte der Formaldehydgehalte unterliegen relativ starken Streuungen. Nur die Werte der Vorbehandlungen mit den Silanen A3 und C3 liegen eng zusammen, während alle Werte der Vorbehandlung D3 relativ stark voneinander abweichen. Bei allen übrigen Vorbehandlungen und der Kontrolle liegen 2 Werte eng zusammen und der dritte Wert weicht teilweise stark ab (Abb. 37). Als Tendenz lässt sich dennoch sagen, dass der Formaldehydgehalt der Spanplatten durch die meisten Silanvorbehandlungen der Späne etwa halbiert werden kann. Spanplatten aus den mit den Silanen A1 und A5 vorbehandelten Spänen zeigten einen nur geringfügig verringerten Formaldehydgehalt. Dies überrascht, da alle verwendeten Silane Aminogruppen besitzen. Aminogruppen können Formaldehyd abfangen (MEYER UND HERMANNS, 1986). Die hohen Messwerte bei den mit den Silanen A1 und A5 vorbehandelten Spanplatten könnten auf Leimnester in der Spanplatte oder eventuell vorhandene Reste der Presshaut zurückzuführen sein. Aufgrund der geringen Anzahl an durchgeführten Messungen (n=3) sind die Ergebnisse nicht unbedingt repräsentativ und können daher nur zur Abschätzung einer Tendenz herangezogen werden. Insgesamt scheinen aminofunktionelle Silane als Zusätze zur Erreichung geringerer Formaldehyd-Grenzwerte geeignet zu sein. Hierin würde ein weiterer Vorteil in der Verwendung von Silanen gegenüber Paraffinen bei der Herstellung von Holzwerkstoffen liegen.

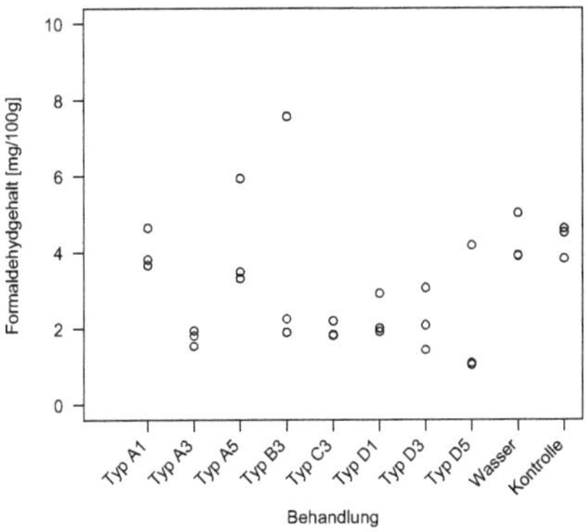

Abbildung 37: Formaldehydgehalt MUPF-gebundener Spanplatten nach EN 120 (n=3).

Aktuell liegt der in Europa zulässige Formaldehyd-Grenzwert E1 (für Spanplatten zur Verwendung im Innenbereich) bei 6,5 mg/100g atro Platte nach der Perforatormethode (EN 312-1 C). MUPF enthält durch den Anteil von Melamin relativ viele Aminogruppen. Die Aminogruppen können als Formaldehydfänger gewirkt haben. Allgemein ist die Formaldehydabgabe bei MUPF-gebundenen Holzwerkstoffen niedriger als bei Harnstoff-Formaldehyd (UF)-gebundenen (ZEPPENFELD UND GRUNWALD, 2005). ROFFAEL *et al.* (1993) berichten, dass die Modifizierung von UF-Klebstoffen mit Melamin zu deutlich geringeren Formaldehydabgaben der daraus hergestellten Spanplatten führt. Sie führen dies auf die formaldehydbindende Wirkung der in Melamin enthaltenen Aminogruppen zurück.

Die Formaldehydabgabe unterliegt über Leimtyp und Beleimungsgrad hinaus vielen Einflussfaktoren. PLATH (1966, 1967a, 1967b, 1967c) hat intensiv die weiteren Einflussfaktoren untersucht. Sie stellte fest, dass die Formaldehydabgabe der Mittelschicht höher ist als die der Deckschicht, obwohl Mittelschichtspäne mit einem geringeren Beleimungsgrad verwendet wurden. Sie begründet dies mit der geringeren Ausdampfung von Formaldehyd während der Abkühlung nach dem Pressen und einem geringeren Aushärtungszustand des Bindemittels in der Mittelschicht.

PLATH (1968) berichtet, dass mit zunehmender Zugabe von Ammoniumchlorid (NH_4Cl) als Härter die Formaldehydabgabe verringert wird. Sie führt die verringerte Formaldehydabgabe auf die Umsetzung der Aminogruppen mit Formaldehyd zu Hexamethylentetramin zurück, welches unter den in einer Spanplatte vorliegenden Bedingungen nachträglich kein Formaldehyd mehr abspaltet. Sie bezweifelt, dass UF-Harz bei den üblichen Produktionsgeschwindigkeiten in der Holzwerkstoffindustrie vollständig vernetzt. Eine unvollständige Vernetzung zieht eine höhere Formaldehydabspaltung nach sich. Die Presszeiten, die für diesen Versuch gewählt wurden, lagen deutlich über den in der Holzwerkstoffindustrie üblichen. Daher kann von einer vollständigen Vernetzung des Bindemittels ausgegangen werden.

3.2.4.2 REM-EDX-Mapping an silanbehandelten Proben

Um die Vergleichbarkeit verschiedener Messungen auch bei unterschiedlichen Messzeiten zu gewährleisten, wird hier das Silizium-Kohlenstoff-Verhältnis (Si/C-Verhältnis) der behandelten Oberflächen dargestellt. Da die Auswahl der untersuchten Flächen zufällig erfolgte, müssen die Ergebnisse nicht repräsentativ sein. Bei Spänen (Abb. 38a) zeigt sich, dass die relative Menge an Silizium an der Oberfläche mit steigender Konzentration der Behandlung mit Silan D zunimmt. Die Silane C und D weisen bei gleichen Konzentrationen vergleichbare Si/C-Verhältnisse auf. Die Behandlung mit Wasser und die Kontrolle zeigen keine erkennbaren Siliziumanteile an der Oberfläche. Die Werte bei Silan D5 unterliegen einer sehr starken Streuung. Da Holz natürlicherweise einen nur sehr geringen Siliziumanteil enthält (BUCHANAN, 1963), wie auch der Vergleich mit der Kontrolle zeigt, kann davon ausgegangen werden, dass das bei den silanbehandelten Proben detektierte Silizium auf die Silanbehandlung zurückzuführen ist.

Das Mapping an Bruchflächen von Spanplatten nach Querzugprüfung zeigt bei den aus silanbehandelten Spänen hergestellten Spanplatten höhere Siliziumanteile an der Oberfläche als bei der wasserbehandelten Referenz und der Kontrolle (Abb. 38b). Im Unterschied zum Mapping an Spänen ist kein Konzentrationseinfluss mehr erkennbar. Die Siliziumanteile sind insgesamt etwas niedriger als bei den Spänen.

Auch das Mapping an Bruchflächen von Spanplatten nach Kochquerzugprüfung zeigt höhere Silananteile an den Spanplatten aus silanbehandelten Spänen als an Referenz und Kontrolle (Abb. 38c). Ein Einfluss der Konzentration ist hier ebenfalls nicht erkennbar. Die ähnlichen Si/C-Verhältnisse, verglichen mit den Proben nach der Querzugprüfung, geben einen Hinweis darauf, dass die Kochung den Holz-Silizium-Verbund scheinbar nicht beeinflusst hat.

An den Bruchflächen von Buchenlamellen nach Zugscherprüfung ist nur bei Verwendung von Silan D5 ein tendenziell höherer Silananteil zu erkennen (Abb. 38d).

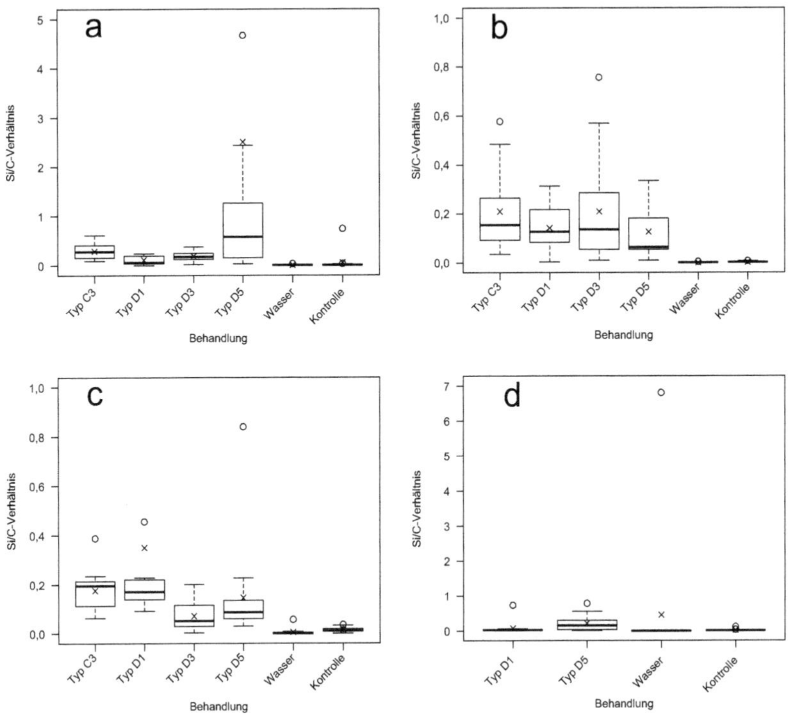

Abbildung 38: Silizium/Kohlenstoff-Verhältnis auf Spänen (a), Bruchflächen von Spanplatten nach Querzugprüfung (b) und Kochquerzugprüfung (c), behandelt mit den Silanen C (3%ig), D (1%ig, 3%ig, 5%ig) und Wasser, und Bruchflächen auf Buchenlamellen nach Zugscherprüfung (d) (n=15), behandelt mit Silan D (1%ig, 5%ig) und Wasser.

Aus den elektronenmikroskopischen Aufnahmen und der Elementanalyse konnten keine Rückschlüsse darauf gezogen werden, ob es Unterschiede in der Verteilung von Silizium aufgrund unterschiedlicher Strukturen der Zellwand gibt. Auch auf die Schichtdicke der aufgetragenen Silane konnten keine Rückschlüsse gezogen werden, da die analysierten Oberflächen sehr uneben waren. Aufgrund der geringen Konzentration der aufgetragenen Silane kann die Schichtdicke im nicht messbaren Bereich liegen. Wie auch bei der Beleimung kann die geringe Silankonzentration zu einer nur punktuellen, und nicht flächigen, Anlagerung von Silan auf die Holzoberfläche geführt haben. Eine Glättung der Oberfläche vor der Analyse, wie auch die Aufnahme eines Anschnittes von der Seite, hätte kein aussagefähiges Ergebnis erbracht, da die Silane oberflächig aufgetragen wurden und durch eine solche Probenvorbereitung entfernt worden wären. Bei der Präparation der Oberfläche wäre demzufolge die silanbehandelte Schicht entfernt worden. Anhand der Aufnahmen der Bruchflächenbilder kann auch nicht gesagt werden, ob bei der Prüfung die Zellwand versagt hat, oder der Bruch in der Klebstofffuge verläuft. Der Vergleich mit anderen Arbeiten (SAKA *et al.*, 1992, DE VETTER *et al.*, 2006, DONATH, 2004) ist nicht möglich, da in diesen Vollholz mit höheren Silankonzentrationen imprägniert wurde, während im vorliegenden Versuch geringere Silankonzentrationen (maximal 5%, bezogen auf den Feststoffgehalt) nur oberflächig aufgesprüht wurden.

Die Untersuchungen von KLOESER (2007) ergaben, dass Holzfasern, die mit Silan D in einer Beleimungstrommel behandelt wurden, nicht vollständig mit Silan überzogen waren, sondern nur zu 75% der Oberfläche. WALTHER (2006) berichtet, dass die Faseroberfläche von UF-beleimten Fasern nur zu 50% mit UF-Bindemittel bedeckt war. Hier kommt die deutlich höhere Viskosität des UF-Bindemittels hinzu, was die gleichmäßige Verteilung des Bindemittels erschwert. Es muss also davon ausgegangen werden, dass die behandelten Späne nicht vollständig mit Silan bedeckt sind.

3.3 Abschließende Bewertung

Die Behandlung von Vollholz und Spänen mit organofunktionellen Silanen hat gezeigt, dass sich die Materialeigenschaften durch die Behandlung verändern lassen. Dabei fallen die Ergebnisse je nach verwendetem Silan sehr unterschiedlich aus. Eine Bewertung der Ergebnisse muss daher vom verwendeten Silan abhängig gemacht werden. Insgesamt erweist sich Silan Typ D als viel versprechend für die Behandlung von Holz, während die anderen verwendeten Silane kaum Verbesserungen der Holzeigenschaften bewirkten.

Vor allem die wasserbedingten Eigenschaften, wie Dickenquellung und Wasseraufnahme, konnten durch die Behandlung mit Silan D deutlich verbessert werden. Die Behandlung mit den anderen Silanen hatte dagegen keinen Einfluss auf Wasseraufnahme und Dickenquellung. Die Sorption wurde dagegen, sowohl bei Vollholz wie auch bei Spanplatten, nicht verändert. Die physikalischen Eigenschaften wurden durch sämtliche Silanbehandlungen überwiegend leicht verbessert, lediglich die Biegefestigkeit und das E-Modul bei Spanplatten wurden verringert. Durch nahezu alle Silanbehandlungen konnte der Formaldehydgehalt der aus den behandelten Spänen hergestellten Spanplatten deutlich reduziert werden.

Die Verklebbarkeit und die Beschichtbarkeit wurden durch die Behandlung mit Silan Typ D nicht nennenswert beeinträchtigt. Je nach Bindemittel und Beschichtung können Silane als Haftvermittler wirken, wobei es Unterschiede zwischen den Silanen gibt. Daher kann keine generelle Empfehlung für den Einsatz von Silanen als Haftvermittler gegeben werden, sondern muss für jeden Einzelfall geprüft werden.

Insgesamt kann Silan Typ D als für die Behandlung von Vollholz und Spänen geeignet angesehen werden, da dadurch die Wasseraufnahme und damit Quellung und Schwindung deutlich verringert werden. Dies führt dazu, dass Beschichtungen und Verklebungen auch bei Kontakt mit Wasser weniger belastet werden und dadurch länger halten. Aufgrund der hier gemachten Beobachtungen kann jedoch nicht auf eine

Beschichtung von Holz und Holzwerkstoffen mit regelmäßiger Befeuchtung verzichtet werden.

Ob sich die Behandlung mit Silan Typ D durchsetzen kann, hängt letzten Endes davon ab, ob die Verbesserungen der Holz- und Platteneigenschaften die Mehrkosten durch die Behandlung kompensieren können. Der Arbeitsaufwand ist dabei eher gering, insbesondere bei Behandlung von Spänen. Die Behandlung von Vollholz kann in einer handelsüblichen Vakuum-Druck-Imprägnieranlage durchgeführt werden, wie sie in vielen Sägewerken vorhanden ist. Die anschliessende Trocknung und Aushärtung des Silans lässt sich z. B. in Frischluft-Abluft-Trocknern durchführen, wie sie ebenfalls in vielen Sägewerken vorhanden sind. Durch den besonders hohen Wassergehalt des behandelten Holzes ist mit höherem Energieverbrauch und längeren Prozesszyklen zu rechnen. Im Rahmen dieser Arbeit wurde die Erfahrung gemacht, dass silanbehandeltes Holz im Vergleich zu wassergetränktem Holz besonders schonend getrocknet werden muss, um Trocknungsschäden zu vermeiden. Für die Behandlung von Spänen (oder auch Fasern) mit Silan sind zwei Verfahren denkbar. Späne können, wie in dieser Arbeit beschrieben, im Batch-Prozess vorbehandelt und anschließend zu Spanplatten verarbeitet werden. Batch-Prozesse sind verhältnismäßig aufwändig bei geringeren Produktionskapazitäten als bei kontinuierlichen Prozessen. Die Integration der Behandlung, einschliesslich der Trocknung, in einen kontinuierlichen Prozess erscheint jedoch mit relativ einfachen Mitteln umsetzbar, da standardisierte Bauteile verwendet werden können. Bei beiden Verfahren ist ein zusätzlicher Arbeitsschritt nötig. Um den Aufwand der Behandlung zu minimieren, wäre es wünschenswert, das Silan mit der Leimflotte unter die Späne zu mischen. Ob eine solches Untermischverfahren zu verbesserten Platteneigenschaften führt, muss allerdings erst noch nachgewiesen werden.

Alle untersuchten Silane sind relativ unbedenklich. Aufwändige und teure Massnahmen zum Arbeits- und Umweltschutz sind daher nicht notwendig. Der Preis für die Silanlösung erscheint sehr hoch, wird jedoch durch die starke Verdünnung relativiert. Die Mehrkosten eines zusätzlichen Behandlungsschrittes beschränken sich jedoch nicht nur auf den Rohstoffpreis und zusätzliche Verarbeitungsanlagen. Zusätzliche Lagerhaltung, Ausbildung der Mitarbeiter, Materialeinkauf und Verbuchung, Kapitalbindung, sowie die Entsorgung von Verpackung und Resten sind weitere Faktoren, die in die Gesamtkosten der Behandlung einfliessen.

Die veränderten Eigenschaften des behandelten Holzes werfen die Frage auf, ob durch die Behandlung der Werkzeugverschleiß bei der Verarbeitung erhöht wird. Dies wurde hier nicht untersucht. Die tendenziell erhöhte Härte und der Chemismus der Silane weisen daraufhin, dass die Werkzeugstandzeiten verkürzt werden können.

Es ist bereits nachgewiesen, dass sich mehrere bekannte Modifizierungsverfahren (Acetylierung, DMDHEU, Thermoholz) auch für die Herstellung von Holzwerkstoffen eignen. Mit diesen Modifizierungen können sowohl bei Vollholz wie auch Holzwerkstoffen deutlich verbesserte Eigenschaften erreicht werden. Aus dem derzeitigen Stand des Wissens erscheint es daher eher zweifelhaft, ob sich die Behandlung mit Silanen durchsetzen wird, da den Mehrkosten recht begrenzte Eigenschaftsverbesserungen gegenüber stehen. Die erreichten Verbesserungen können sich auch durch Anpassungen konventioneller Methoden erreichen lassen. So können Formaldehydemissionen durch andere oder veränderte, konventionelle Bindemittel verringert werden. Mittlerweile ist ein modifiziertes Phenol-Formaldehyd-Harz erhältlich, mit dem Formaldehydemissionen wie bei unbehandeltem Vollholz erreichbar sein sollen (Dynea AsWood™). Mechanische Festigkeiten können ebenfalls durch veränderte Bindemittel oder höhere Bindemittelzugabe verbessert werden. Wasserbedingte Eigenschaften können durch höhere Zugabe von Hydrophobierungsmitteln und geeigneten Bindemitteln verbessert werden. Die Verbesserung der Platteneigenschaften ist also auch mit weniger Aufwand durchführbar als mit einer Silanvorbehandlung.

4 Zusammenfassung

Im Rahmen dieser Arbeit sollte die Eignung organofunktioneller Silane für die Behandlung von Vollholz und Spänen zur Herstellung von Spanplatten mit verbesserten Eigenschaften, insbesondere der Dimensionsstabilität, untersucht werden. Dazu wurde Vollholz (*Pinus sylvestris* und *Fagus sylvatica*) im Vakuum-Druck-Verfahren und Spanmaterial in einem Spänereaktor mit vier organofunktionellen Silanen in verschiedenen Konzentrationen behandelt. Von besonderem Interesse war dabei der Einfluss auf die Dimensionsstabilität und die mechanisch-technologischen Eigenschaften.

Die Tränkung von Vollholz mit Silanen führte zu keiner verbesserten Bewitterungsstabilität, sowohl bei der Aussenbewitterung wie auch im Schnellbewitterungsgerät. Durch die Behandlung konnte die Auswaschung der UV-Abbauprodukte nicht verlangsamt werden. Dies wäre aufgrund der hydrophobierenden Eigenschaften der Silane zu erwarten gewesen.

Bei den biologischen Untersuchungen konnte mit der Behandlung mit Silan HS 2909 ein signifikant verringerter Schimmelbefall und ein tendenziell verringerter Bläuebefall gegenüber den anderen Silanen beobachtet werden. Die Oberflächenhärte nach Brinell wurde an mit drei verschiedenen Silanen getränkten Vollholzprüfkörpern bestimmt. Die Behandlung mit allen untersuchten Silanen führte zu einer leicht erhöhten Oberflächenhärte.

Um die hydrophobierende Wirkung von Silanen zu untersuchen, wurden die Kontaktwinkel auf der Oberfläche behandelter Vollholzproben gemessen. Auf den zur Aushärtung der Silane erhitzten Oberflächen wurden deutlich größere Kontaktwinkel als auf den nicht erhitzten Oberflächen gemessen. Dies ist wahrscheinlich auf den Verhornungseffekt und die Kondensation der Silane zurückzuführen. Bei den nicht ausgehärteten Silanen wurden kleiner werdende Kontaktwinkel mit steigender Konzentration der Silanbehandlung beobachtet. In beiden Varianten führt eine Oberflächenbehandlung mit Silanen zu tendenziell hydrophileren Oberflächen, wobei Silan HS 2909 zu kaum veränderten Kontaktwinkeln im Vergleich zur Kontrolle führt.

Die Tränkung mit HS 2909 führte, unabhängig von der Konzentration, zu einer deutlich verringerten kapillaren Wasseraufnahme in jeder anatomischen Richtung. Die anderen Silane hatten keinen Einfluss auf die kapillare Wasseraufnahme. HS 2909 zeigte dagegen die höchste Wasserdampfdurchgangsrate. Auf die Feuchteaufnahme aus der Luft hat die Behandlung mit allen Silanen keinen Einfluss.

Auf die Beschichtbarkeit mit handelsüblichen Systemen auf Alkyd- und Acrylbasis hatte sowohl die Volltränkung wie auch die Oberflächenbehandlung mit Silanen wenig Einfluss. Die Abhebefestigkeit war sowohl trocken als auch nass nur tendenziell höher nach Silanbehandlung. Auf die Trockenzeit und die Eigenhaftung der Beschichtungssysteme (Blocking) hat die Behandlung keinen Einfluss.

Die Eignung von Silanen als Haftvermittler wurde im Zugscherversuch nach Verklebung mit MUPF-Harz, EPI, PUR und PVAc untersucht. Bei der Verleimbarkeit mit MUPF konnte über alle Anforderungsklassen (Prüfung trocken, nach 24h Wasserlagerung, nach 2h Kochung+3h Wasserlagerung) kein Einfluss der Silane auf die Zugscherfestigkeit beobachtet werden. Dagegen führte die Erhitzung der behandelten Lamellen zu signifikant geringeren Zugscherfestigkeiten als die Verarbeitung nur oberflächlich getrockneter Lamellen. Bei der Verleimung mit EPI, PUR und PVAc wurde auch der Einfluss einer vorherigen Tränkung der Lamellen mit Silan HS 2909, 5% untersucht. Bei EPI hat die Oberflächenbehandlung mit Silanen lediglich nach der 24h Wasserlagerung an getränkten Lamellen zu tendenziell höheren Festigkeiten geführt. Bei PUR hat die Oberflächenbehandlung mit Silan HS 2776, 1% zu tendenziell höheren Festigkeiten geführt. Der Einfluss der Tränkung mit Silan HS 2909, 5% hat ebenso wie die Oberflächenbehandlung mit den verwendeten Silanen kaum Einfluss auf die Zugscherfestigkeit.

Um den Einfluss der Silane auf die Verklebungseigenschaften zu prüfen, wurde zunächst die Gelierzeit von MUPF-Harz unter Zugabe der Silane in verschiedenen Konzentrationen untersucht. Die nativen Silane, deren pH-Wert bei etwa 10-11 liegt, führten zu längeren Gelierzeiten mit zunehmender Konzentration. Bei saurer Einstellung der Silane auf pH 4 sowie nativem Silan HS 2909 (pH 5) verkürzte sich die Gelierzeit mit zunehmender Konzentration.

Für die Herstellung von Spanplatten wurden Späne in der Beleimungstrommel mit Silanen vorbehandelt und anschließend im Spänereaktor ausgehärtet und getrocknet. Die Behandlung im Spänereaktor wirkte sich auf die Spangrößenverteilung aus. Im Vergleich zur Kontrolle war der Anteil der Grobfraktion nach der Behandlung im Spänereaktor deutlich geringer und der Feinanteil deutlich höher.

Die Behandlung mit allen Silanen führte zu etwas geringeren Biegefestigkeiten und leicht niedrigerem Biege-E-Modul als bei der Kontrolle. Die Werte fielen bei den PMDI-gebundenen Platten etwas niedriger aus als bei den MUPF-gebundenen. Tendenziell verringerte Silan HS 2909 die Werte am stärksten. Die Querzugfestigkeit wurde durch die Silanbehandlung tendenziell erhöht. Mit HS 2909 wurde die Kochquerzugfestigkeit bei MUPF-gebundenen Platten gegenüber allen anderen Varianten und bei PMDI-gebundenen Platten gegenüber der Kontrolle signifikant erhöht. Auch die mit HS 1151 vorbehandelten Proben zeigten höhere Festigkeiten als die Kontrolle. Signifikant verringert war die Dickenquellung mit HS 2909 sowohl nach 24h als auch nach 72h und beiden Harzen. Die übrigen Silane zeigen nur eine tendenziell geringere Dickenquellung. Ähnlich war die Auswirkung auf die Wasseraufnahme, wohingegen eine Silanbehandlung keine Auswirkungen auf die Sorption im Normalklima hatte. Die Dickenquellung und Feuchteaufnahme nach dem Schimmeltest fällt bei allen Behandlungen tendenziell niedriger aus als bei der Kontrolle. Kein Unterschied konnte dagegen beim Befallsgrad und dem Zeitpunkt des Befalls mit Schimmel festgestellt werden.

Im Schnellbewitterungsversuch zeigten die beschichteten Proben aus mit den Silanen HS 1151, HS 2627 und HS 2776 vorbehandelten Spänen eine tendenziell niedrigere Dickenquellung, während Proben aus mit HS 2909 vorbehandelten Spänen signifikant niedrigere Dickenquellung und Feuchteaufnahme sowohl beschichtet als auch unbeschichtet aufwiesen.

Ausser bei den Spanvorbehandlungen mit Silan HS 1151, 1% und 5% wiesen die Perforator-Werte aller Behandlungen auf einen verringerten Formaldehydgehalt gegenüber der Kontrolle hin.

Über eine REM-EDX-Analyse konnte nachgewiesen werden, dass die Behandlung mit Silanen zu einem deutlich erhöhten Siliziumvorkommen auf der Prüfkörperoberfläche führt. Dieses war auch nach der Querzugprüfung an Spanplatten, sowohl im trockenen Zustand als auch nach Kochung, und nach der Zugscherprüfung an Vollholz nachweisbar. Die Verteilung des Siliziums auf der Oberfläche war dabei sehr ungleichmäßig.

5 Literatur- und Quellenverzeichnis

AASERUD, J., LARNØY, E., GLOMM, W. R. (2009): Alternative systems for wood preservation based on treatment with silanes. Norsk institutt for skog og landskap. http//:www.skogoglandskap.no/publisering/filearchive/alternaitev_systems_for_wood_preservation.pdf

AHOLA, P., DERBYSHIRE, H., HORA, G., DE MEIJER, M. (1999): Water protection of wooden window joinery painted with low organic solvent content paints with known composition. Holz als Roh- und Werkstoff 57:45-50.

AMTHOR, J., BÖTTCHER, P. (1984): Einfluß der Hydrophobierung auf das Verhalten von Spanplatten-Oberflächen bei kurzzeitiger Wassereinwirkung. Holz als Roh- und Werkstoff 42:379-383.

ANONYMUS (2009): Spezial. Span- und Faserplatten, OSB. Informationsdienst Holz.

ANONYMUS (2008): Kombinerte Behandlung von Holz mit Nanopartikeln. Abschlussbericht. IFT Rosenheim.

BARDAGE, S. L. (1998): Susceptibility of painted wood to *Aureobasidium pullulans*: fungal stain and growth patterns. Holz als Roh- und Werkstoff 56:359-364.

BASF AG (2007): Technisches Merkblatt KAURAMIN® Leim 534 flüssig. BASF AG, Ludwigshafen.

BECKER, G. (1959): Beitrag zur Kenntnis der Wirksamkeit vom Borverbindungen als Holzschutzmittel gegen Insekten und Pilze. Holz als Roh- und Werkstoff 17:484-489.

BECKERS, E. P. J., MILITZ, H., STEVENS, M. (1994): Resistance of acetylated wood to basidiomycetes, soft rot and blue stain. IRG/WP 94-40021. International Research Group on Wood Protection.

BOONSTRA, M. J., TJEERDSMA, B. F., GROENEVELD, H. A. C. (1998): Thermal modification of nondurable wood species. 1. The PLATO technology: thermal modification of wood. IRG/WP 98-40123. International Research Group on Wood Protection.

BORYSIUK, P., MAMINSKI, M., GRZEKIEWICZ, M., PARZUCHOWSKI, P., MAZUREK, A. (2007): Thermally modified wood as raw material for particleboard manufacture. The Third European Conference on Wood Modification. Proceedings 227-230.

BREYNE, S. (1999): „Royal"-Holzschutzverfahren erfolgreich optimiert. Holz-Zentralblatt 70:1029.

BS 3900-G6:1989-07-31 Methods of test for paints - Assessment of resistance to fungal growth.

BOONSTRA, M. J., PIZZI, A., ZOMERS, F., OHLMEYER, M., PAUL, W. (2006): The effects of a two stage heat treatment process on the properties of particleboard. Holz als Roh- und Werkstoff 64:157–164.

BOYE, C. (1986): Undersøgelse af rødgranveds damppermeabilitet – med henblik på udendørs anvendelse af europæisk rødgran. Teknologisk Institut, Træteknik. Danmarks Tekniske Universitet.

BUCHANAN, M. A. (1963): Extraneous components of wood. In: BROWNING, B. L. (Hrsg) (1963): The chemistry of wood. Interscience Publishers. John Wiley & Sons, New York, London.

BUECKER, M., BOECKER, W., REINSCH, S., UNGER, B. (2003): Wood modification by sol-gel derived precursors. The European Conference on Wood Modification. Proceedings 255-259.

BURMESTER, A. (1973): Einfluß einer Wärme-Druck-Behandlung halbtrockenen Holzes auf seine Formbeständigkeit. Holz als Roh- und Werkstoff 31:237-243.

BURMESTER, A. (1975): Zur Dimensionsstabilisierung von Holz. Holz als Roh- und Werkstoff 33:333-335.

BUSSJAEGER, S., DAISEY, G., SIMMONS, R., SPINDEL, S., WILLIAMS, S. (1999): Mildew and mildew control for wood surfaces. Journal of Coatings Technology 71:67-69.

COOKSON, L. J., SCOWN, D. K., MCCARTHY, K. J., CHEW, N. (2007): The effectiveness of silica treatments against wood-boring invertebrates. Holzforschung 61:326-332.

DAWSON, B. S. W., KROESE, H. W., HONG, S.-O. (2001): Pre-service adhesion of coating systems based on alkyd primer applied to light organic solvent preservative (LOSP) treated radiate pine sapwood boards. Holz als Roh- und Werkstoff 59:422-430.

DEPPE, H.-J., ERNST, K. (2000): Taschenbuch der Spanplattentechnik. 4. überarbeitete und erweiterte Auflage. DRW-Verlag Stuttgart.

DE MEIJER, M., THURICH, K., MILITZ, H. (2001): Quantitative measurements of capillary coating penetration in relation to wood and coating properties. Holz als Roh- und Werkstoff 59:35-45.

DE VETTER, L., CNUDDE, V., MASSCHAELE, B., JACOBS, P. J. S., VAN ACKER, J. (2006): Detection and distribution analysis of organosilicon compounds in wood by means of SEM-EDX and micro-CT. Materials Characterization 56:39-48.

DIN EN 84:1997-05 Holzschutzmittel - Beschleunigte Alterung von behandeltem Holz vor biologischen Prüfungen - Auswaschbeanspruchung.

DIN EN 120:1992-08 Holzwerkstoffe; Bestimmung des Formaldehydgehaltes; Extraktionsverfahren genannt Perforatormethode.

DIN EN 152-2:1989-08 Prüfverfahren für Holzschutzmittel; Laboratoriumsverfahren zur Bestimmung der vorbeugenden Wirksamkeit einer Schutzbehandlung von verarbeitetem Holz gegen Bläuepilze; Teil 2: Anwendung durch andere Verfahren als Streichen.

DIN EN 204:2001-09 Klassifizierung von thermoplastischen Holzklebstoffen für nichttragende Anwendungen.

DIN EN 205:2003-06 Klebstoffe - Holzklebstoffe für nichttragende Anwendungen - Bestimmung der Klebfestigkeit von Längsklebungen im Zugversuch.

DIN EN 302-1:2004-10 Klebstoffe für tragende Holzbauteile - Prüfverfahren - Teil 1: Bestimmung der Längszugscherfestigkeit.

DIN EN 310:1993-08 Holzwerkstoffe; Bestimmung des Biege-Elastizitätsmoduls und der Biegefestigkeit.

DIN EN 317:1993-08 Spanplatten und Faserplatten; Bestimmung der Dickenquellung nach Wasserlagerung.

DIN EN 319:1993-08 Spanplatten und Faserplatten; Bestimmung der Zugfestigkeit senkrecht zur Plattenebene.

DIN EN 335-1:2006-10 Dauerhaftigkeit von Holz und Holzprodukten - Definition der Gebrauchsklassen - Teil 1: Allgemeines

DIN EN 927-3:2007-03 Beschichtungsstoffe - Beschichtungsstoffe und Beschichtungssysteme für Holz im Außenbereich - Teil 3: Freibewitterung.

DIN EN 927-6:2006-10 Beschichtungsstoffe - Beschichtungsstoffe und Beschichtungssysteme für Holz im Außenbereich - Teil 6: Künstliche Bewitterung von Holzbeschichtungen mit fluoreszierenden UV-Lampen und Wasser.

DIN EN 1087-1:1995-04 Spanplatten - Bestimmung der Feuchtebeständigkeit - Teil 1: Kochprüfung.

DIN EN 1534:2000-04 Parkett und andere Holzfußböden - Bestimmung des Eindruckwiderstandes (Brinell) - Prüfmethode.

DIN EN ISO 12572:2001-09 Wärme- und feuchtetechnisches Verhalten von Baustoffen und Bauprodukten - Bestimmung der Wasserdampfdurchlässigkeit.

DIN EN 12765:2001-09 Klassifizierung von duroplastischen Holzklebstoffen für nichttragende Anwendungen.

DIN 52617:1987-05 Bestimmung des Wasseraufnahmekoeffizienten von Baustoffen.

DIN 53150:2002-09 Beschichtungsstoffe - Bestimmung des Trockengrades von Beschichtungen (Abgewandeltes Bandow-Wolff-Verfahren)

DONATH, S. (2004): Treatment of wood with silanes. Dissertation. Georg-August-Universität Göttingen.

DONATH, S., MILITZ, H., MAI, C. (2004): Wood modification with alkoxysilanes. Wood Science and Technology 38:555-566.

DONATH, S., MILITZ, H., MAI, C. (2006): Creating water-reppellent effects on wood by treatment with silanes. Holzforschung 60:40-46.

DONATH, S., MILITZ, H., MAI, C. (2007): Weathering of silane treated wood. Holz als Roh- und Werkstoff 65:35-42.

EVONIK GMBH (2009a): Produktinformationen Dynasylan®. Frankfurt a. M.

EVONIK GMBH (2009b): Sicherheitsdatenblätter Dynasylan®. Frankfurt a. M.

EWERT, M., SCHEIDING, W. (2005): Thermoholz in der Anwendung – Eigenschaften und Möglichkeiten. Holztechnologie 46:22-29.

FOLLRICH, J., MÜLLER, U., GINDL, W. (2006): Effects of thermal modification on the adhesion between spruce wood (*Picea abies* Karst.) and a thermoplastic polymer. Holz als Roh- und Werkstoff 64:373-376.

FUCHS, W. (1928): Zur Kenntnis des genuinen Lignins, I.: Die Acetylierung des Fichtenholzes. Berichte der deutschen chemischen Gesellschaft 61:948-951.

FURUNO, T., UEHARA, T., JODAI, S. (1991): Combinations of wood and silicate. 1. Impregnation by water glass and applicatons of aluminium sulfate and calcium chloride as reactants. Mokuzai Gakkaishi 37:462-472.

FURUNO, T., SHIMADA, K., UEHARA, T., JODAI, S. (1992): Combinations of wood and silicate. 2. Wood-mineral composites using water glass and reactance of barium chloride, boric acid, and borax and their properties. Mokuzai Gakkaishi 38:448-457.

FURUNO, T., UEHARA, T., JODAI, S. (1993): Combinations of wood and silicate. 3. Some properties of wood-mineral composites using the water glass-boron compound system. Mokuzai Gakkaishi 39:561-570.

GARDNER, D. J., FRAZIER, C. E., CHRISTIANSEN, A. W. (2005): Characteristics of the wood adhesion bonding mechanism using hydroxy methyl resorcinol (HMR). Beitrag zur Tagung „Wood Adhesives 2005“, 2.-4.11.2005, San Diego, Kalifornien, USA.

GIEBELER, E. (1983): Dimensionsstabilisierung von Holz durch eine Feuchte/Wärme/Druck-Behandlung. Holz als Roh- und Werkstof 41:87-94.

GHOSH, S. (2009): Wood modification with functionalized polymethylsiloxanes. Dissertation. Universität Göttingen.

GHOSH, S. C., MILITZ, H., MAI, C. (2009a): Natural weathering of Scots pine (Pinus sylvestris L.) panels modified with functionalized commercial silicone emulsions. BioResources 4:659-673.

GHOSH, S. C., MILITZ, H., MAI, C. (2009b): The efficiacy of commercial silicones against blue stain and mould fungi in wood. European Journal of Wood and Wood Products 67:159-167.

GHOSH, S. C., MILITZ, H., MAI, C. (2009c): Effect of quat- and amino-silicones on fungal colonization and decay of wood. In: GHOSH, S. C. (2009): Wood modification with functionalized polymethylsiloxanes. Dissertation. Universität Göttingen.

GHOSH, S. C., MILITZ, H., MAI, C. (2009d): Decay resistance of treated wood with functionalised commercial silicones. BioResources 3:1303-1314.

GHOSH, S. C., MILITZ, H., MAI, C. (2009e): Modification of *Pinus sylvestris* L.wood with different chain lengths quat- and amino-silicones. Part1: Water repellence and fixation of silicone. In: GHOSH, S. C. (2009): Wood modification with functionalized polydimethylsiloxanes. Dissertation. Universität Göttingen.

GOETHALS, P., STEVENS, M. (1994): Dimensional stability and decay resistance of wood upon modification with some new type chemical reactants. IRG/WP/94-40028. International Research Group on Wood Protection.

GOLDSTEIN, I. S., JEROSKI, E. B., LUND, A. E., NIELSON, J. F., WEAVER, J. W. (1961): Acetylation of wood in lumber thickness. Forest Products Journal 8:363-370.

GOMEZ-BUESO, J., WESTIN, M., TORGILSSON, R., OLESEN, P. O., SIMONSON, R. (2000): Composites made from acetylated lignocellulosic fibers of different origin. Part I. Properties of dry-formed fiberboards. Holz als Roh- und Werkstoff 58:9-14.

GOMEZ-BUESO, J., WESTIN, M., TORGILSSON, R., OLESEN, P. O., SIMONSON, R. (1999): Composites made from acetylated lignocellulosic fibers of different origin. Part II. The effect of nonwoven fiber mat composition upon molding ability. Holz als Roh- und Werkstoff 57:178-184.

GOROYIAS, G. J., HALE, M. D. (2002): Heat treatment of wood strands for OSB production: effect on the mechanical properties, water absorption and dimensional stability. IRG/WP 02-40238. International Research Group on Wood Protection.

GRUNWALD, D. (2002): Kombinierte analytische Untersuchungen von Klebstoffen für Holzwerkstoffe. Dissertation. Technische Universität Carolo-Wilhelmina zu Braunschweig.

HAGER, R. (1995): Waterborne silicones as wood preservatives. IRG/WP/95-30062. International Research Group on Wood Protection.

HAGMAN, O. (2005): Mündliche Mitteilung. Luleå Tekniska Universitet, Skellefteå, Schweden.

HAN, G., ZHANG, C., ZHANG, D., UMEMURA, K., KAWAI, S. (1998): Upgrading of urea formaldehyde-bonded reed and wheat straw particleboards using silane coupling agents. Journal of Wood Science 44:282-286.

HAN, G., UMEMURA, K., KAWAI, S., KAJITA, H. (1999): Improvement mechanism of bondability in UF-bonded reed and wheat straw boards by silane coupling agents and extraction treatments. Journal of Wood Science 45:299-305.

HAN, G., UMEMURA, K., WONG, E. D., ZHANG, M., KAWAI, S. (2001): Effects of silane coupling agent level and extraction treatment on the properties of UF-bonded reed and wheat straw particleboards. Journal of Wood Science 47:18-23.

HILL, C. (2006): Wood modification. Chemical, thermal and other processes. John Wiley & Sons Ltd., Chichester.

HILL, C. A. S., PAPADOPOULOS, A. N. (2001): A review of methods used to determine the size of the cell wall microvoids of wood. Journal of the Insitute of Wood Science 15:337-345.

HON, D. N. S. (2001): Weathering and photochemistry of wood. In: HON, D. N.-S., SHIRAISHI, N. (Hrsg.) (2001): Wood and cellulose chemistry. Marcel Dekker Inc. New York, Basel.

HSU, W. E., SCHWALD, W., SCHWALD, J., SHIELDS, J. A. (1988): Chemical and physical changes required for producing dimensionally stable wood-based composites. Wood Science and Technology 22:281-289.

HÜLS AG (1994): Anwendung von organofunktionellen Silanen - Dynasylan®. 2. Auflage Juli 1994. Hrsg. Hüls Aktiengesellschaft, Marl.

HUNDHAUSEN, U., MILITZ, H., MAI, C. (2010): Use of alkyl ketene dimer (AKD) for surface modification of particle board chips. European Journal of Wood and Wood Products 67:37-45.

HUNTSMAN (2009): Produktdatenblatt Suprasec® 1041. Everberg, Belgien.

IMAMURA, Y., NISHIMOTO, K., YOSHIDA, Y., KAWAI, S., SATO, T., NAKAJI, M. (1986): Production technology for acetylated low density particleboard (II), Decay and termite resistance. Wood Research 73:35-43.

IMAMURA, Y., SUBIYANTO, B., ROWELL, R. M., NILSON, T. (1989): Dimensional stability and biological resistance of particleborads from acetylated albizzia wood particles. Wood Research 76:49-58.

JÄMSÄ, S., AHOLA, P., VIITANIEMI, P. (2000): Long-term natural weathering of coated ThermoWood. Pigment & Resin Technology 29:68-74.

JONES, D., LAWTHER, M., TORGILSON, R., SIMONSON, R. (2009): Acetylated wood fibres - Next stop: Commercialization. The 4th European Conference on Wood Modification. Proceedings 505-513.

JOWAT AG (2008): Technisches Merkblatt Jowat-Power PUR® 687.40. Jowat AG, Detmold.

KABIR, F. R., NICHOLAS, D. D., VASISHTH, R. C., BARNES, H. M. (1992): Laboratory methods to predict the weathering characteristics of wood. Holzforschung 46:395-401.

KAJITA, H., IMAMURA, Y. (1991): Improvement of physical and biological properties of particleboards by impregnation with phenolic resin. Wood Science and Technology 26:63-70.

KAMDEM, D. P., GRELIER, S. (2002): Surface roughness and color change of copper amine and UV absorber-treated Red Maple (*Acer rubrum L*) exposed to artificial ultraviolet light. Holzforschung 56:473-478.

KATTENBROEK, B. (2005): How to introduce acetylated wood from the first commercial production in Europe. The second European conference on wood modification 2005. Proceedings 398-403.

KLOESER, L. (2008): Verwendung von organofunktionellen Silanen zur Herstellung von Holzwerkstoffen. Dissertation. Georg-August-Universität Göttingen.

KRAUSE, A. (2006): Holzmodifizierungmit N-Methylolvernetzern. Dissertation. Universität Göttingen.

KUSIAN, R. (1968): Modell-Untersuchungen über den Einfluß des Spanformats auf Struktur- und Festigkeitseigenschaften von Spanwerkstoffen. Holztechnologie 9:241-248.

KÜHNE, G., NIEMZ, P., WIENHAUS, O., ZANGOLIES, P. (1981): Orientierende Untersuchungen zum Einfluß des Acetylierens der Partikeln auf die Eigenschaften von Spanplatten. Holztechnologie 22:67-69.

KURT, R., MAI, C., KRAUSE, A., MILITZ, H. (2008): Hydroxymethylated resorcinol (HMR) priming agent for improved bondability of silicone modified wood glued with a polyvinyl acetate adhesive. Holz als Roh- und Werkstoff 66: 305–307.

LARSSON-BRELID, P. (1998): Acetylation of solid wood: wood properties and process development. Department of forest products and chemical engineering. Chalmers University of technology, Göteborg, Schweden.

LEIGTHLEY, L. (2003): Protection of wood using combination of biocides. In: GOODELL, B., NICHOLAS, D. D., SCHULTZ, T. P. (Hrsg) (2003): Wood deterioration and preservation. Advances in our changing world. American Chemical Society. Washington, D. C., USA.

LEVI, M. P. (1973): Control methods. In: NICHOLAS, D. D. (Hrsg) (1973): Wood deterioration and its prevention by preservative treatments, Bd. 1. Syracuse University Press. New York, USA.

LIN, J., SIDDIQUI, J. A., OTTENBRITE, R. M. (2001): Surface modification of inorganic oxide particles with silane coupling agent and organic dyes. Polymers for Advanced Technology 12:285-292.

LOHMANN, U. (2003): Holz-Lexikon. 4. Auflage. DRW-Verlag Leinfelden-Echterdingen.

LUKOWSKY, D. (1999): Holzschutz mit Melaminharzen. Dissertation. Universität Hamburg.

LUKOWSKY, D., PEEK, R. D., RAPP, A. O. (1997): Water-based silicones in wood. IRG/WP/97-30144. International Research Group on Wood Protection.

MAI, C., MILITZ, H. (2004a): Modification of wood with silicon compounds. Inorganic silicon compounds and sol-gel systems: a review. Wood Science and Technology 37:339-348.

MAI, C., MILITZ, H. (2004b): Modification of wood with silicon compounds. Treatment systems based on organic silicon compounds - a review. Wood Science and Technology 37:453-461.

MANTAU, U. (2007): Die Rohstoffsituation in Deutschland und ihre forstpolitischen Konsequenzen. Kongressbeitrag: Rohholzmanagement in Deutschland. 22.-23. März 2007, Hannover.

MANTUANA, L. M., BALATINECZ, J. J. (1998): Effect of surface properties on the adhesion between PVC and wood veneer laminates. Polymer Engineering & Science 38:765-773.

MARQUARDT, H., SCHÄFER, S. G. (1994): Lehrbuch der Toxikologie. Wissenschaftsverlag, Mannheim, 622-623.

MATTHES, R., NEHRING, H. O., DELLITH, W. (2002): Wasserglas - Holzschutz im Holzbau. In: Proceedings „Integrierter Umweltschutz im Bereich der Holzwirtschaft“, 22.-24. Januar 2002, Göttingen, 104-108.

MEYER, B., HERMANNS, K. (1986): Formaldehyde release from wood products: an overview. In: MEYER, B., KOTTES ANDREWS, B. A., REINHARDT, R. M. (1986): Formaldehyde release from wood products. ACS Symposium Series. American Chemical Society, Washington, DC.

MILITZ, H. (2008): Processes and properties of thermally modified wood manufactured in Europe. In: SCHULTZ, T. P.; MILITZ, H.; FREEMAN, M. H.; GOODELL, B.; NICHOLAS, D. D.: Development of commercial wood preservatives. Efficacy, environmental and health issues. Oxford University Press, 372-388

MILITZ, H., BECKERS, E. P. J., HOMAN, W. J. (1997): The modification of solid wood: research and practical potential. IRG/WP 97-40098. International Research Group on Wood Protection.

MIYAFUJI, H., SAKA, S. (1996): Wood-inorganic composites prepared by the sol-gel process V. Mokuzai Gakkaishi 42:74-80.

MIYAMOTO, K., NAKAHARU, S., SUZUKI, S. (2002): Effect of particle shape on linear expansion of particleboard. Journal of Wood Science 48:185-190.

MÜLLER, H. (1962): Erfahrungen mit Paraffin-Emulsionen als Quellschutzmittel in der Spanplattenindustrie. Holz als Roh- und Werkstoff 20:434-437.

NICHOLAS, D. D., WILLIAMS, A. D. (1987): Dimensional stabilization of wood with dimethylol compounds. IRG/WP/3412. International Research Group on Wood Protection.

NOLL, W. (1968): Chemie und Technologie der Silicone. 2. Auflage. Verlag Chemie GmbH, Weinheim/Bergstraße.

OGISO, K., SAKA, S. (1993): Wood-inorganic composites prepared by sol-gel process. II. Effects of ultrasonic treatments on preparation of wood-inorganic composites. Mokuzai Gakkaishi 39:301-307.

OGISO, K., SAKA, S. (1994): Wood-inorganic composites prepared by sol-gel process. VI. Effects of chemical bonds between wood and inorganic substances on property enhancement. Mokuzai Gakkaishi 40:1100-1106.

OSARENMWINDA, J. O., NWACHUKU, J. C. (2007): Effect on particle size on some properties of Rice husk Particleboard. Advanced Materials Research 18-19:43-48.

PAPADOPOULOS, A. N., TRABOULAY, E. (2002): Dimensional stability of OSB made from acetylated Fir strands. Holz als Roh- und Werkstoff 60:84-87.

PAUL, W., OHLMEYER, M., LEITHOFF, H., BOONSTRA, M. J., PIZZI, A. (2006): Optimising the properties of OSB by a one-step heat pre-treatment process. Holz als Roh- und Werkstoff 64:227–234.

PEYLO, A. (2005): Sind Borverbindungen im Holz effektiv und zeitgemäß? Holz als Roh- und Werkstoff 63:414-416.

PFLEIDERER AG (2009): Mündliche Mitteilung. Pfleiderer AG, Gütersloh.

PLATH, L. (1966): Bestimmung der Formaldehyd-Abspaltung aus Spanplatten nach der Mikrodiffusions-Methode. Holz als Roh- und Werkstoff 24:312-318.

PLATH, L. (1967a): Einfluß von Preßzeit und Preßtemperatur auf die Formaldehyd-Abspaltung. Holz als Roh- und Werkstoff 25:63-64.

PLATH, L. (1967b): Einfluß der Härter-Zusammensetzung auf die Formaldehyd-Abspaltung. Holz als Roh- und Werkstoff 25:169-173.

PLATH, L. (1967c): Einfluß der Feuchtigkeit im Spanvlies auf die Formaldehyd-Abspaltung. Holz als Roh- und Werkstoff 25:231-238.

PLATH, L. (1968): Einfluß der Härtungsbeschleunigung und Reifezeit auf die Formaldehyd-Abspaltung. Holz als Roh- und Werkstoff 26:125-128.

PLUEDDEMANN, E. P. (1970): Adhesion through silane coupling agents. The Journal of Adhesion 2, 3:184-201.

POPPER, R., NIEMZ, P., EBERLE, G. (2004): Untersuchungen zu Diffusionsvorgängen in mehrschichtigen Massivholzplatten. Holz als Roh- und Werkstoff 62:253–260.

PrENv 927-8 Pull-off test for the assessment of the wet adhesion of exterior wood coatings.

R DEVELOPMENT CORE TEAM (2009): R: A language and environment for statistical computing. R Foundation for Statistical Computing, Vienna, Austria. ISBN 3-900051-07-0, URL http://www.R-project.org.

RAFTERY, G., HARTE, A., RODD, P. (2006): Performance evaluation of adhesives and reinforcements in GFRP-wood connections. Proceedings of the 9 th World Conference on Timber Engineering (WCTE) 2006, Portland, Oregon, USA.

RAPP, A. O. (1999): Physikalische und biologische Vergütung von Vollholz durch Imprägnierung mit wasserverdünnbaren Harzen. Dissertation. Universität Hamburg.

RIDGWAY, W. B., WALLINGTON, H. T. (1946): Esterification of wood. British Patent 579,255.

RIJCKAERT, V., STEVENS, M., VAN ACKER, J., DE MEIJER, M., MILITZ, H. (2001a): Quantitative assessment of the penetration of water-borne and solvent-borne wood coatings in Scots pine sapwood. Holz als Roh- und Werkstoff 59:278-287.

RIJCKAERT, V., STEVENS, M., VAN ACKER, J. (2001b): Effect of some formulation parameters on the penetration and adhesion of water-borne primers into wood. Holz als Roh- und Werkstoff 59:344-350.

ROFFAEL, E., DIX, B., MIERTZSCH, H, SCHWARZ, T., KEHR, E.,SCHEITHAUER, M., HOFERICHTER, E., (1993): Feuchtebeständigkeit und Hdyrolyseresistenz von Holz-zu-Holz-Bindungen in Spanplatten, hergestellt mit formaldehydarmen modifizierten Harnstoff-Formaldehydharzen unter Einsatz verschiedener Härtungsbeschleunigungssysteme. Holz als Roh- und Werkstoff 51:197-207.

RÖMPP (1995): Chemie Lexikon. Georg Thieme, Stuttgart.

ROWELL, R. M. (1983): Chemical modification of wood. Forest Products Abstracts 6:363-381.

ROWELL R. M., DAWSON, B. S., HADI, Y. S., NICHOLAS, D. D., NILSSON, T., PLACKETT, D. V., SIMONSON, R., WESTIN, M. (1997): Worldwide in-ground stake test of acetylated composite boards. IRG/WP 97-40088. International Research Group on Wood Protection.

ROWELL, R. M., NORIMOTO, M. (1988): Dimensional stability of bamboo particleboards made from acetylated particles. Mokuzai Gakkaishi 34:627.

ROWELL, R. M., TILLMANN, A.-M., ZHENGTIAN, L. (1986): Dimensional stabilization of flakeboard by chemical modification. Wood Science and Technology 20:83-95.

SAILER, M. (2001): Anwendung von Pflanzenölimprägnierungen zum Schutz von Holz im Außenbereich. Dissertation. Ordinariat für Holzbiologie, Universität Hamburg.

SAILER, M., RAPP, A. O., LEITHOFF, H., PEEK, R.-D. (1999): Thermische Holzvergütung mit natürlichen pflanzlichen Ölen. Holz-Zentralblatt 117:1568.

SAKA, S., SASAKI, M., TANAHASHI, M. (1992): Wood-inorganic composites prepared by sol-gel processing I. Mokuzai Gakkaishi 38:1043-1049.

SAKA, S. (2001): Wood-inorganic composites as prepared by the sol-gel process. In: HON, D. N.-S., SHIRAISHI, N. (Hrsg.) (2001): Wood and cellulose chemistry. 2. überarbeitete und erweiterte Auflage. Marcel Dekker Inc. New York, Basel.

SCHEIKL, M., DUNKY, M. (1998): Measurement of dynamic and static contact angles on wood for the determination of its surface tension and the penetration of liquids into the wood surface. Holzforschung, 52:89-94.

SCHMID, J. (2008): Anwendung von einheimischem dimensionsstabilisierten Holz für den Fenster- und Fassadenbau. Holztechnologie 48:33-38.

SCHWALBE, C. G. (1921): Einige Betrachtungen über Holzzellstoffkochung, insbesondere die Sulfitzellstoffkochung. Zellstoff Papier 1:11-15.

SOINÉ, H. (1995): Holzwerkstoffe – Herstellung und Verarbeitung. DRW-Verlag Leinfelden-Echterdingen.

SONMEZI, A., BUDAKCI, M., BAYRAM, M. (2009): Effect of wood moisture content on adhesion of varnish coatings. Scientific Research and Essay Vol. 4(12):1432-1437.

STAMM, A. J., BURR, H. K., KLINE, A. A. (1946): Heat stabilized wood. Rep. Nr. R. 1621. Madison: Forest Products Laboratory.

STAMM, A. J., TARKOW, H. (1947): Acetylation of lignocellulosic board materials. U.S. Patent 2,417,995.

STERLEY, M., SERRANO, E., ENQUIST, B. (2009): Flat wise green gluing of Norway spruce for structural application. Beitrag zur Tagung „Wood Adhesives 2009“, 28.-30.09.2009, Lake Tahoe, Nevada, USA.

SUN, N., FRAZIER, C. (2005): Hydroxymethylated resorcinol coupling agent: stress relaxation analysis. Beitrag zur Tagung „Wood Adhesives 2005“, 2.-4.11.2005, San Diego, Kalifornien, USA.

TARKOW, H., FEIST, W. C., SOUTHERLAND, C. F. (1966): Interaction of wood with polymeric materials. Penetration versus molecular size. Forest Products Journal 16:61-65.

TRICOYA (2010): http://www.tricoya.com/performance.asp, Download vom 09.11.2010.

TREU, A., HABICHT, J., KLAUCKE, R., MILITZ, H. (2003): Improvement of wood properties by a combined impregnation process – the Royal process. European Conference on Wood Modification. Proceedings 3-14.

URBAN, K. (2005): The effect of solar radiation on the surface checking of Lodgepole Pine. Masterarbeit. University of British Columbia, Vancouver, Kanada.

VHI (2009): http://www.vhi.de, Download vom 09.12.2009.

VIDELOV, C. L. (1989): Biological degradation resistance of Pine wood treated with dimethylol compounds. IRG 89-3528. International Research Group on Wood Protection.

VICK, C.B., KRZYSIK, A., WOOD JR., J. E. (1991): Acetylated, isocyanate-bonded flakeboards after accelerated aging. Dimensional stability and mechanical properties. Holz als Roh- und Werkstoff 49:221-228.

VILLADSEN, J., KIELSGAARD HANSEN, K. & WÄDSÖ, L. (1993): Water vapour transmission properties of wood determined by the cup method. Proceedings of the 3rd symposium building physics in the nordic countries. Copenhagen: LfV/DTU 2:685-691.

VOß, K. (1952): Die Wärmebehandlung von Holzfaser-Hartplatten. Holz als Roh- und Werkstoff 10:299-305.

WALTHER, T. (2006): Methoden zur qualitativen und quantitativen Analyse der Mikrostruktur von Naturfaserwerkstoffen. Dissertation. Universität Hamburg.

WEIGENAND, O. (2006): Wood modification with different types of silicon compounds. Dissertation. Universität Göttingen.

WEIGENAND, O., HUMAR, M., DANIEL, G., MILITZ, H., MAI, C. (2008): Decay resistance of wood treated with amino-silicone compounds. Holzforschung 61:112-118.

WEIGERT, J. (2000): Untersuchungen zur chemischen Modifizierung von Zellstoff zur Verminderung der Verhornungsneigung sowie zu den sich daraus ergebenden papiertechnologischen Eigenschaften. Dissertation, TU Darmstadt.

WESTIN, M., LANDE, S., SCHNEIDER, M. (2003): Furfurylation of wood - Process, properties and commercial production. The European Conference on wood modification 2003. Proceedings 289-306.

WILLIAMS, R. S. (2005): Weathering of wood. In: ROWELL, R. M. (Hrsg.) (2005): Handbook of wood chemistry and wood composites. Taylor & Francis. Boca Raton, London, New York, Singapore.

XIANGQUAN, Z, RENSHU, L, WEIHONG, W, ANBIN, P. (1997): Heat post-treatment to reduce thickness swelling of particleboard from fast-growing poplars. Journal of Forestry Research, 8:188-190.

XIE, K., XU, L., SHI, Y. (2008): Modification and application of the polysiloxane with amino groups. Journal of Fiber Bioengineering and Informatics 1:71-76.

XIE, Y., KRAUSE, A., MILITZ, H., MAI, C. (2006): Coating performance of finishes on wood modified with an N-methylol compound. Progress in Organic Coatings 57:291-300.

XIE, Y., KRAUSE, A., MILITZ, H., MAI, C. (2007): Weathering and coating properties of chmical modified wood. The third European Conference on wood modification 2007. Proceedings 267-270.

YALINKILIC, M. K., ILHAN, R., IMAMURA, Y., TAKAHASHI, M., DEMIRCI, Z., YALINKILIC, A. C., PEKER, H. (1999): Weathering durability of CCB-impregnated wood for clear varnish coatings. Journal of Wood Science 45:502-514.

YOUNGQUIST, J. A., ROWELL, R. M. (1986): Mechanical properties and dimensional stability of acetylated aspen flakeboard. Holz als Roh- und Werkstoff 44:453-457.

YUSUF, S., IMAMURA, Y., TAKAHASHI, M., MINATO, K. (1995): Physical and biological properties of Albizzia waferboards with cross-linking agents. IRG/WP/95-40043. International Research Group on Wood Protection.

ZEPPENFELD, G., GRUNWALD, D. (2005): Klebstoffe in der Holz- und Möbelindustrie. 2. überarbeitete und erweiterete Auflage. DRW-Verlag Leinfelden-Echterdingen.

Lebenslauf

Persönliche Daten

Name	Georg Vetter
Geburtstag/-ort	18.11.1977 in Siegen
Staatsangehörigkeit	deutsch
Familienstand	verheiratet

Schulbildung

1988-1997	Fürst-Johann-Moritz-Gymnasium, Siegen

Studium

1998-2002	Studium der Forstwirtschaft an der Fachhochschule Hildesheim/Holzminden/Göttingen
2004-2006	Studium der Forstwissenschaften und Waldökologie im Schwerpunkt Holzbiologie und Holztechnologie an der Georg-August-Universität Göttingen
2007-2011	Promotion im Fachgebiet Holzbiologie und Holztechnologie an der Georg-August-Universität Göttingen

Praktika (studienbegleitend)

10/1998-02/1999	Staatliches Forstamt Paderborn, Forstbetriebsbezirk Ringelstein
02/2001-07/2002	Staatliches Forstamt Minden, Forstbetriebsbezirk Lübbecke
03/2005-04/2005	Kühne Holzindustrie, Adelebsen
09/2005	Luleå University of Technology, Skellefteå, Schweden

Berufstätigkeit

1993-2004 (phasenweise)	Forstschutz und forstliche Dienstleistungen auf selbständiger Basis
2002-2003	Forstinspektoranwärter, Staatliches Forstamt Kleve, Landesforstverwaltung NRW
2006	Studentische Hilfskraft am Institut für Forstbotanik der Georg-August-Universität Göttingen
2007-2009	Wissenschaftlicher Mitarbeiter in der Abteilung Holzbiologie und Holzprodukte der Georg-August-Universität Göttingen
2010-	Projektleiter Forschung und Entwicklung bei Välinge Innovation Sweden AB, Viken, Schweden